Pferde RICHTIG massieren

Sanfte Hilfe mit den Händen

von Claudia Jung

Pferde RICHTIG massieren

Sanfte Hilfe mit den Händen

von Claudia Jung

CADMOS

Autorin und Verlag haben den Inhalt dieses Buches mit großer Sorgfalt und nach bestem Wissen und Gewissen zusammengestellt. Die Autorin und der Verleger haften nicht für eventuelle Schäden an Mensch und Pferd, die als Folge von Handlungen und/oder gefassten Beschlüssen aufgrund der gegebenen Informationen entstehen.

Autorin und Verlag bedanken sich beim Islandpferdehof Vindholar in Stapelfeld (www.vindholar.net) sowie beim Philippshof in Siek (bei Hamburg) für die freundliche Unterstützung bei der Fotoproduktion.

2. Auflage 2016
Gestaltung und Satz: jb:design – Johanna Böhm, Dassendorf
Lektorat: Anneke Fröhlich

Coverfoto: JB Tierfoto
Fotos im Innenteil ohne Fotonachweis: JB Tierfoto
Zeichnungen: Juliane Denmann, Maria Mähler

Druck: Werbedruck Horst Schreckhase GmbH, Spangenberg

Deutsche Nationalbibliothek – CIP-Einheitsaufnahme
Die Deutsche Nationalbibliothek verzeichnet diese Publikation in der Deutschen Nationalbibliografie; detaillierte bibliografische Daten sind im Internet über http://dnb.ddb.de abrufbar.

Printed in Germany

ISBN: 978-3-8404-1010-9

Vorwort

Viele gesundheitliche Probleme unserer Pferde sind Muskelprobleme. Wir können unseren Pferden sowohl beim Anreiten als auch später bei der Ausbildung, dem sportlichen Einsatz oder einfach nur beim Einsatz als Freizeitpartner vieles erleichtern, wenn wir als Reiter oder Ausbilder Kenntnisse über die Muskulatur und ihre Funktionsweisen haben.

Wer dann noch über Kenntnisse der wichtigsten Massagegriffe verfügt, kann mit diesen bereits erheblich zur Verbesserung des Wohlbefindens seines Pferdes beitragen. Wer sein Pferd regelmäßig bewusst abtastet, erkennt rechtzeitig schmerzende Stellen und Verspannungen in der Muskulatur. Kleinere muskuläre Probleme können selbst gelöst werden, größere Probleme erfordern einen Tierarzt oder einen anderen Therapeuten. Werden Veränderungen in der Muskulatur schnell erkannt, spart dies Zeit und Geld, das Pferd erhält eine bessere Lebensqualität und Leistungsfähigkeit und erreicht möglicherweise ein höheres Alter.

Auch der psychische Aspekt sollte berücksichtigt werden, denn die Massage kann die Bindung zwischen Pferd und Reiter verbessern und bewirkt bei beiden einen Stressabbau. Nach einem anstrengenden Arbeitstag oder anderen Stress verursachenden Faktoren kann die Massage dem Pferdebesitzer oder Reiter ein Ventil bieten, die Anspannung loszuwerden. Somit hat auch das Pferd weniger Stress. Das Ergebnis: Die Reitstunde wird entspannter und effektiver, Pferd und Reiter sind hinterher zufriedener.

(Foto: Christiane Slawik)

Muskeln – die Bewegungsmacher

Ohne die Muskeln wären alle Säugetiere nur ein Häufchen Elend, denn ohne Muskeln wären die Knochen nicht miteinander verbunden. Es gibt verschiedene Arten von Muskulatur im Körper. Für die Massage in diesem Buch beschäftigen wir uns jedoch nur mit der Skelettmuskulatur.

Die Skelettmuskulatur

Die Skelettmuskulatur ist das, was uns als erstes einfällt, wenn wir das Wort „Muskel" hören, da sie oft von außen sicht- und fühlbar und durch Training gut beeinflussbar ist – im Gegensatz zum Beispiel zur Augenlinsenmuskulatur oder der Muskulatur des Darms. Der grundsätzliche Aufbau der Skelettmuskulatur ist bei allen Wirbeltieren gleich. Die elementaren Aufgaben lassen sich wie folgt beschreiben: Die Skelettmuskulatur

- ermöglicht Bewegungen, und zwar die Bewegungen der einzelnen Körperteile, wie zum Beispiel die der Vorder- und Hinterbeine, des Halses oder des Kopfes, wodurch dann die Fortbewegung des gesamten Körpers in Gang gesetzt wird. Sie ist aber ebenso zuständig für die kleinsten Bewegungen im Körper, wie zum Beispiel das Schließen des Augenlides, das Drehen der Ohren oder das Rausstrecken der Zunge;

Damit Muskeln gut arbeiten können, benötigen sie Sauerstoff und Energie. (Foto: Christiane Slawik)

- hält die Knochen des Skeletts an ihrer Position, denn Sehnen am Ende der Muskeln sind an den Knochen befestigt und halten diese fest zusammen;
- übernimmt einen Teil der Körperlast, damit das Pferd aufrecht stehen kann, denn ohne die Skelettmuskulatur würde das Pferd von der Schwerkraft der Erde zu Boden gedrückt. Durch die Kraft der Muskeln kann das Pferd die Schwerkraft überwinden und verschiedene Körperpositionen (zum Beispiel Stehen, Liegen, Wälzen, Aufstehen, Laufen) einnehmen;
- erhält die Körpertemperatur aufrecht. Über die Haut wird ständig Wärme abgegeben, der Körper eines Säugetieres benötigt aber eine bestimmte Kerntemperatur, damit alle lebenswichtigen Vorgänge im Körper ablaufen können. Da Muskeln Wärme abgeben, wenn sie sich bewegen, wird diese Wärme zur Erhaltung der Körpertemperatur genutzt. Ist es zu kalt, löst der Körper ein Zittern der Muskeln aus, um die Körpertemperatur zu erhalten;
- hilft die Wände der großen Körperhöhlen zu bilden (Zwischenrippenmuskulatur, Zwerchfell, Muskeln der Bauchdecke) und unterstützt damit gleichzeitig zum Beispiel die Tätigkeit der Atembewegungen.

Über die Skelettmuskulatur wird für die Außenwelt sicht- und fühlbar auch Stress oder Angst des Pferdes transportiert. Die Muskulatur ist selbst im Ruhezustand nie ganz schlaff, sonst wäre das Lebewesen gelähmt, sondern hat eine leichte Spannung. Diese bezeichnet man als Ruhe- oder Grundtonus. Steht das Pferd längere Zeit unter Stress oder Angst, erhöht sich der Grundtonus. Die Muskulatur des Pferdes fühlt sich dauerhaft viel fester an, als das normalerweise der Fall wäre. Dies führt zu Leistungseinschränkungen, im Laufe der Zeit zu Verspannungen und möglicherweise auch zu ernsten Erkrankungen des Bewegungsapparats.

Wie ist ein Muskel aufgebaut?

Die Skelettmuskeln setzen sich aus einem aktiven Teil, dem Muskelbauch, sowie dem passiven Teil, der Ursprungs- und Endsehne, zusammen. Der Muskel selbst ist aus mehreren Fasern und Schichten zusammengesetzt, die gegeneinander verschiebbar sein müssen, damit der Muskel seine Arbeit erbringen kann.

Diese Fasern und Schichten kann man sich ähnlich dem Prinzip der russischen Matrjoschka-Puppen vorstellen – die bunten Holzpuppen, die ineinandergestapelt werden. Auf die Muskeln bezogen bedeutet dies, dass mehrere kleine Fasern sich zu einem Bündel zusammenschließen. Dieses Bündel wird mit Bindegewebe umschlossen und auf diese Weise zusammengehalten. Dieses kleine Bündel schließt sich dann wieder mit mehreren Bündeln zusammen, die wiederum mit Bindegewebe zusammengehalten werden, und so weiter, bis ein Muskelbauch entstanden ist.

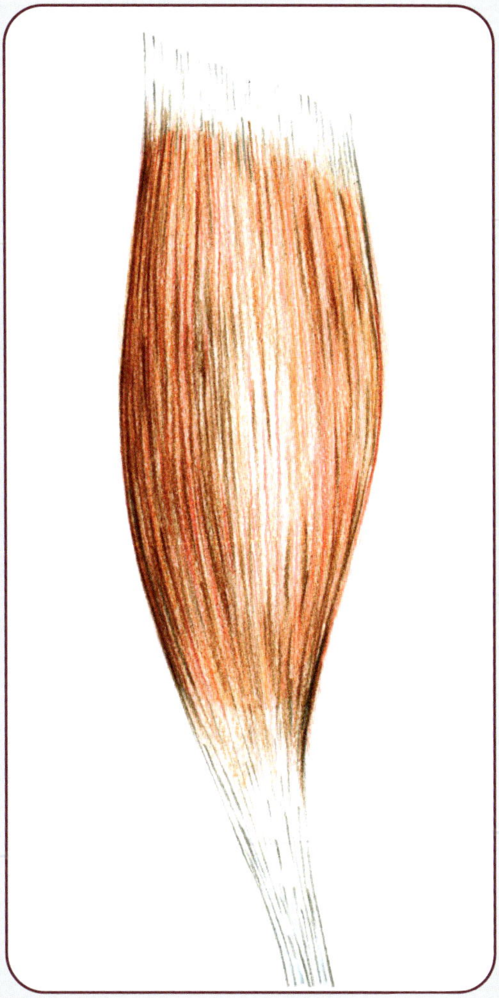

Der Muskel besteht aus einem Muskelbauch, einem Ursprung und einem Ansatz. (Zeichnung: Mähler)

Bei einem Muskelfaserriss reißt also nicht der gesamte Muskel durch, sondern nur einzelne Fasern aus diesen Bündeln. Trotzdem kann der Muskel in seiner Arbeit bereits eingeschränkt sein und das Pferd in seinen Bewegungsabläufen behindern.

Entzündliche Prozesse, Narbenbildungen nach Verletzungen oder Operationen und Verklebungen in den Verschiebeschichten können sich ebenfalls durch Schmerzen und Bewegungshemmungen bemerkbar machen. Werden die Schmerzen und die Störungen in den Bewegungsabläufen nicht erkannt und behoben, nimmt das Pferd eine Schonhaltung ein, was über längere Zeit zu einer Fehlbelastung anderer Strukturen führt.

Muskelzustände

Die Natur hat die Muskeln so aufgebaut, dass sie zwischen drei Zuständen permanent wechseln:

Anspannung: Ein Muskel zieht sich zusammen und zieht so den Knochen, an dem er befestigt ist, in eine bestimmte Richtung.
Dehnung: Ein Muskel ist entspannt und lässt sich in die Länge ziehen.
Entspannung: Ein Muskel ruht sich aus.

Sobald die stetigen Wechsel zwischen diesen Zuständen nicht mehr stattfinden, sondern einer dieser Zustände auf Dauer bestehen bleibt, hat dies negative Folgen. Konkret: Der Muskel wird dann nicht mehr ausreichend mit Nährstoffen versorgt und kann nicht mehr entspannen.

Dieser Vorgang funktioniert ähnlich wie bei einem Schwamm, den man unter den Wasserhahn hält. Wenn man den Schwamm zusammendrückt oder an beiden Enden anfasst und stark auseinanderzieht, kann er kein beziehungsweise nur wenig Wasser aufnehmen. Hält man den Schwamm locker auf der Hand, kann er sich mit Wasser vollsaugen. Genauso geht es dem Muskel: In dem Moment, in dem er entspannt, strömt das sauerstoffreiche Blut in den Muskelbauch und versorgt die Zellen. In dem Moment, in dem er gedehnt wird oder sich zusammenzieht, wird das sauerstoffarme Blut hinausgepresst und es ist Platz für frisches Blut, das in der nächsten Entspannungsphase hineinströmt. Der Muskel muss also immer wieder entspannen, um mit Nährstoffen versorgt werden zu können.

Um Muskulatur richtig aufzubauen und nicht zu schädigen, sind in der Arbeitsphase des Pferdes kurze Reprisen (Zusammenziehen der Muskulatur während der Anspannung) mit anschließender kurzer Pause (Entspannung der Muskulatur) wichtig.

Wie arbeitet ein Muskel?

Angenommen, das Pferd muss in der Box bleiben. Das bedeutet für die Muskulatur, dass sie nicht arbeitet, also über einen längeren Zeitraum einfach inaktiv bleibt. Das verbrauchte Blut wird nur sehr wenig herausgepresst, und so kann kaum neues frisches Blut hineinströmen. Der Muskel wird zu wenig mit Nährstoffen versorgt und er atrophiert, das bedeutet, er verliert an Volumen und Leistungsfähigkeit. Diese Entwicklung kennt jeder, der seinen Arm schon einmal in einem Gipsverband hatte und hinterher mühselig die Muskulatur wieder antrainieren musste.

Wenn die Geschwindigkeit eines Rennpferdes beim Laufen zu hoch ist oder Lungenerkrankungen die Sauerstoffaufnahme behindern, können Beeinträchtigungen der Muskulatur die Folge sein. (Foto: Christiane Slawik)

War ein Muskel lange entspannt und muss dann ganz plötzlich aktiv arbeiten, kann ein Krampf entstehen. Das heißt, während der zu langen Entspannung wurde er mit viel zu wenig Nährstoffen versorgt, um arbeitsfähig zu sein. Er schafft es gerade noch, sich zusammenzuziehen, dann ist aber alle Kraft verbraucht und es kann auch keine neue Kraft aufgebaut werden, weil der Muskel in dem festgezogenen Zustand nicht aufnahmefähig ist und der Organismus auch keine Energie mehr zur Verfügung stellen kann.

Für seine Arbeit benötigt der Muskel Sauerstoff und Energie.

Kommen wir zum Training des Pferdes oder zur Wettkampfleistung. In schnellerer Gangart wird mehr Sauerstoff verbraucht. Die Durchblutung wird gesteigert, ebenso die Herz- und Atemfrequenz. Bei überzogener Leistungsanforderung und zu wenig Training kann nach einer gewissen Zeit die Muskulatur nicht mehr mit ausreichend Sauerstoff versorgt werden. Ein ineffektiverer Weg zur Energiegewinnung wird zur Kompensation eingeschlagen, die sogenannte anaerobe Respiration. Sie sorgt dafür, dass trotz Sauerstoffmangels der Stoffwechsel nicht zum Erliegen kommt. Als Folge kommt es allerdings zu einer Milchsäuregärung im Muskel, das bedeutet, dass immer weiter Milchsäure produziert wird, ohne dass diese abgebaut werden kann. Die Milchsäure wird so lange im Gewebe gespeichert, bis wieder Sauerstoff vorhanden ist, dann wird sie weiter in Energie umgewandelt. Man sagt, dass hier eine Sauerstoffschuld entsteht, der Muskel ermüdet.

Bei starker Anstrengung versucht das Pferd, so viel Sauerstoff wie möglich aufzunehmen. Zu einer zu geringen Sauerstoffaufnahme kann es kommen, wenn die Geschwindigkeit beim Laufen zu hoch ist (zum Beispiel bei der Flucht oder bei einem Rennpferd) oder Infekte die Lunge beeinträchtigen, die dann nicht genug Sauerstoff aufnehmen und weitergeben kann. In diesem Fall kann es bereits zu Beginn der Arbeit zu Beeinträchtigungen in der Muskulatur kommen.

Steht dem Muskel nicht genug Energie zur Verfügung, kann er sich nicht mehr entspannen, denn auch zur Entspannung benötigt ein Muskel etwas Energie. Das ist der Grund, weswegen ein Pferd nicht bis zur Erschöpfung geritten werden sollte beziehungsweise ein gut dosiertes Training benötigt, um Höchstleistungen erbringen zu können. Beachtet man das nicht, können die Muskeln in einem zusammengezogenen Zustand verbleiben, es kommt zu dem sogenannten Erschöpfungssyndrom.

Das Pferd zeigt dann oft einen kurzen, steifen Gang, bewegt sich nur noch widerwillig, die Muskeln zittern und sind steif. Schweißausbrüche und Verhärtungen in der Muskulatur können sich ebenfalls einstellen. Da das Fluchttier Pferd sich in diesem Zustand nicht mehr beziehungsweise – je nach Grad der Erschöpfung – nur noch eingeschränkt bewegen kann, reagiert es oft sehr ängstlich.

In jedem Fall sollte sofort ein Tierarzt hinzugezogen werden, der Maßnahmen einleiten wird, um weitere Schädigungen des Muskelsystems zu vermeiden.

Um diese Belastungen schadlos überstehen zu können, sind eine gute Erwärmung der Strukturen sowie eine ausreichende Nährstoffversorgung wichtig. (Foto: Christiane Slawik)

Was ein Krampf ist, hat sicherlich jeder selbst schon einmal gefühlt. Bei dem Entstehen von Muskelverspannungen passiert genau das Gleiche wie bei einem Krampf, nur dass nicht der ganze Muskel betroffen ist, sondern lediglich einzelne Fasern. Die Fasern, die nicht entspannen können, bleiben dauerhaft zusammengezogen und behindern damit auch dauerhaft den ganzen Muskel.

Die Energiegewinnung und -verarbeitung des Muskels ist hier nur sehr einfach dargestellt – die Erläuterung der genauen biochemischen Mechanismen würde den Rahmen dieses Buches sprengen. Für alle, die es genauer wissen möchten, gibt es diverse Physiologie- oder Medizinbücher, in denen die Zusammenhänge detailliert erklärt werden.

Was passiert beim Muskeltraining?

Wenn Muskeln benutzt werden, werden dabei einige der energiehaltigen Verbindungen, die im Muskelgewebe vorliegen, verbraucht. Das Muskelgewebe wird abgebaut und wiederaufgebaut. Wird die Muskelkraft gefördert, ist dies gleichbedeutend mit der Anregung des Muskelwachstums. Damit ein Muskel durch Übung wächst, muss er seiner Lage, seinem inneren Aufbau und seiner natürlichen Funktion entsprechend beansprucht werden. Muss er jedoch in falscher, krampfhafter Anspannung die Übung absolvieren, kann er dies auf Dauer nicht leisten, er verliert aufgrund von Ernährungsstörungen im Muskel an Umfang (er atrophiert). Ein Muskel, der physiologisch richtig arbeitet, wird dagegen gut durchblutet und damit auch gut ernährt. Es können sich neue Muskelfasern aufbauen, die im Verlauf des Trainings dicker werden.

Weiterhin ist zu beachten, dass die Muskulatur sowie die Gelenke vor dem Training gut aufgewärmt sein müssen. Die Muskulatur benötigt circa 15 bis 20 Minuten, um die eben erwähnten energiehaltigen Verbindungen in der später beanspruchten Muskulatur anzureichern. Auch die Muskelfasern benötigen diese Zeit, um warm zu werden und die benötigte Dehnungsfähigkeit zu erhalten.

Wenn Sie einen Spagat absolvieren können, absolvieren Sie diese Übung natürlich nicht, wenn Sie gerade nach einem entspannten Schlaf aufgestanden sind. Würden Sie dies nun trotzdem versuchen dann könnte es Ihnen passieren, dass Sie sich bestenfalls nur eine Muskelzerrung, schlimmstenfalls einen Muskelfaserriss zuziehen. Üben Sie also bitte den Spagat nur, nachdem Sie Ihre Muskulatur aufgewärmt haben, und tun Sie Ihrem Pferd diesen Gefallen vor dem Training auch.

Nicht nur die Muskulatur, sondern auch die Gelenke werden es Ihnen danken, denn die Gelenkschmiere (Synovia) benötigt ebenfalls Zeit, um sich in den Gelenken gleichmäßig zu verteilen, und kann nur dann den Gelenkknorpel ausreichend mit Nährstoffen versorgen. Die Nährstoffversorgung des Knorpels ist erforderlich, damit dieser den Druck, der durch die Bewegung des Pferdes auf die Gelenke entsteht, gut abfedern kann und kein vorzeitiger Verschleiß an den Gelenken entsteht.

Richtiges Aufwärmen und Abkühlen

Eine angemessene Aufwärmphase besteht aus 15 bis 20 Minuten Schrittbewegung, möglichst auf geraden Linien. Dies gilt auch bei Pferden, die von der Koppel oder der Weide geholt werden. Liegen bereits arthrotische Veränderungen in den Gelenken vor, sind sogar 30 Minuten Schritt vor der Arbeitsphase anzusetzen, um die Schäden nicht zu verschlimmern. Nach der Arbeit ist darauf zu achten, dass die Muskulatur wieder abgekühlt wird und aus der Arbeitsphase wieder in die Ruhephase eintreten kann. Dazu bieten sich in der Regel 10 bis 15 Minuten Schritt am langen Zügel im Gelände an – sowohl für die Muskulatur als auch für die Psyche des Pferdes. In der Literatur wird auch ein leichter Vorwärts-abwärts-Arbeitstrab zum Abtransport der Schlackenstoffe und zur Normalisierung der Atem- und Pulsfrequenz als angemessen erachtet.

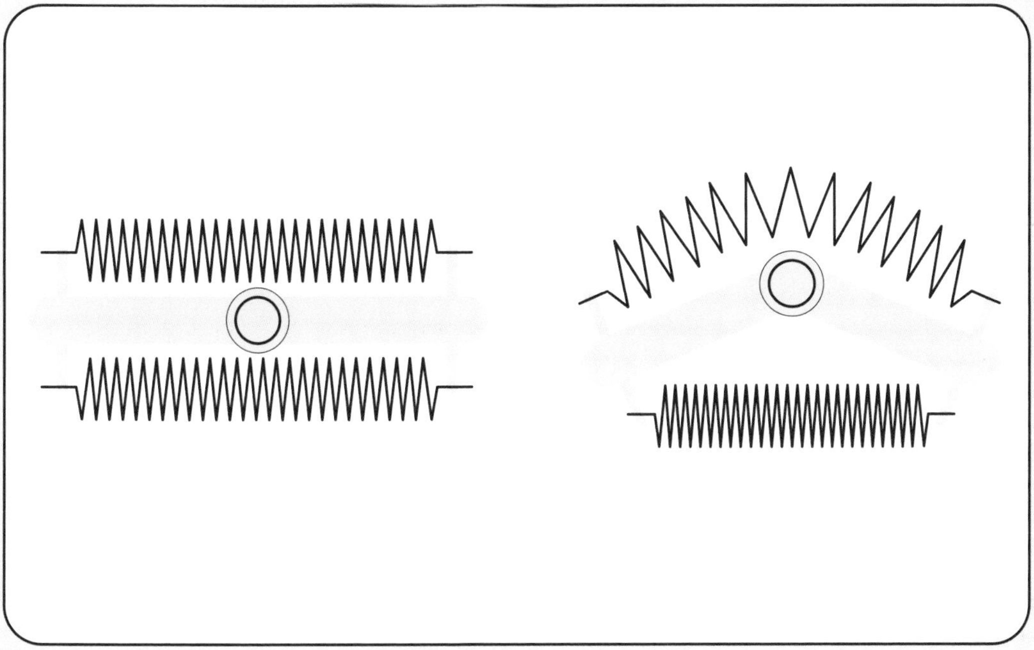

Während sich die Muskulatur auf der einen Seite zusammenzieht, muss sie sich auf der anderen Seite dehnen können.

Sind Muskeln einsame Arbeiter?

Muskeln sind in einander entgegenwirkenden Paaren angeordnet. Jeder Muskel hat also einen Gegenspieler, einen sogenannten Antagonisten.

Die zwei Hauptaufgaben eines jeden Muskels sind:

- Er zieht sich zusammen (verkürzt sich) und bewegt dadurch den dazugehörigen Knochen in die Richtung, in die sich der Muskel zusammenzieht.
- Danach muss der Muskel vollkommen entspannen und sich so weit strecken lassen, dass er keinen Widerstand bietet, wenn sich sein Gegenspieler zusammenzieht.

Auf diese Weise kommen alle Bewegungen des Skelettsystems zustande. Wenn in einem Muskel ein Problem vorliegt, kann auch sein Gegenspieler nicht mehr richtig arbeiten.

Dann gibt es Muskeln, die in mehreren Gruppen zusammen arbeiten, um einen Körperteil zu bewegen. Diese Muskeln werden als Synergisten bezeichnet. Der Muskel, der die Hauptarbeit übernimmt, hat die Antriebskraft, die anderen Muskeln, die Synergisten, helfen ihm bei der Ausführung von bestimmten Körperbewegungen. Dies kann man sich anhand der Armbeugung verdeutlichen. Wenn der Mensch mit seinem Arm etwas anheben möchte, dann ist hierfür die Beugung des Ellenbogengelenks erforderlich. Hierfür gibt es an der Vorderseite des Oberarms

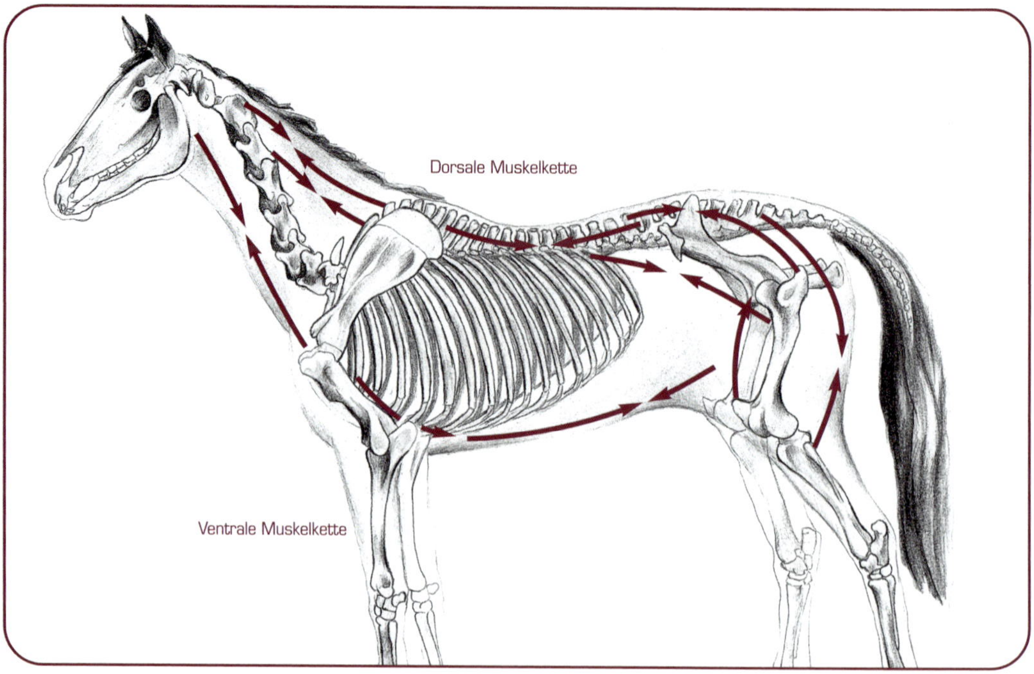

Muskeln arbeiten nicht einzeln, sondern als Muskelketten. Hier dargestellt sind die dorsale Muskelkette im Rückenbereich und die ventrale Muskelkette im Bauchbereich. (Zeichnung: Denmann)

Muskeln, deren Hauptfunktion die Beugung des Ellenbogengelenks ist, und Muskeln, die den Hauptmuskeln bei der Ausführung helfen. Dadurch wird der Unterarm in Richtung des Oberarms bewegt. Während diese Muskeln sich anspannen (zusammenziehen), müssen sich die Muskeln, die sich auf der Gegenseite befinden, dehnen lassen. Anderenfalls kann das Gelenkspiel des Ellenbogens nicht vollständig ausgenutzt werden und der Unterarm kann nicht vollständig Richtung Oberarm bewegt werden.

Sind mehrere Muskelgruppen hintereinander geschaltet, dann arbeiten die Muskeln in sogenannten Muskelketten.

Beim Pferd gibt es eine Muskelkette, die sich über die gesamte Oberlinie, also von den Ohren über den Hals, den Rücken, die Kruppe sowie die Hinterhandmuskulatur entlangzieht und als rückseitige (dorsale) Muskelkette bezeichnet wird.

Die andere Muskelkette beginnt an der Unterseite des Halses, verläuft am Bauch und der inneren Lenden- und Oberschenkelmuskulatur entlang und wird als bauchseitige (ventrale) Muskelkette bezeichnet.

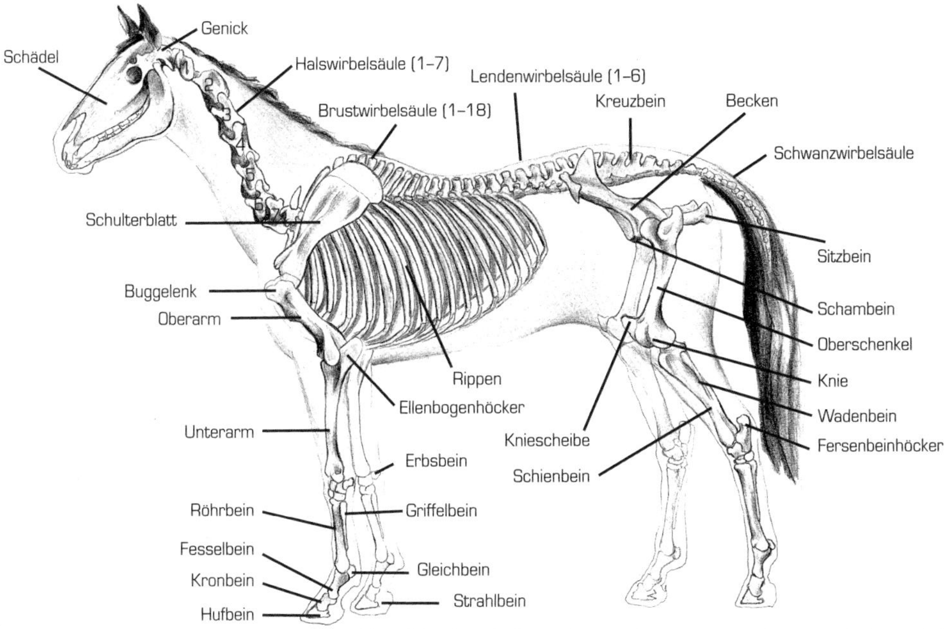

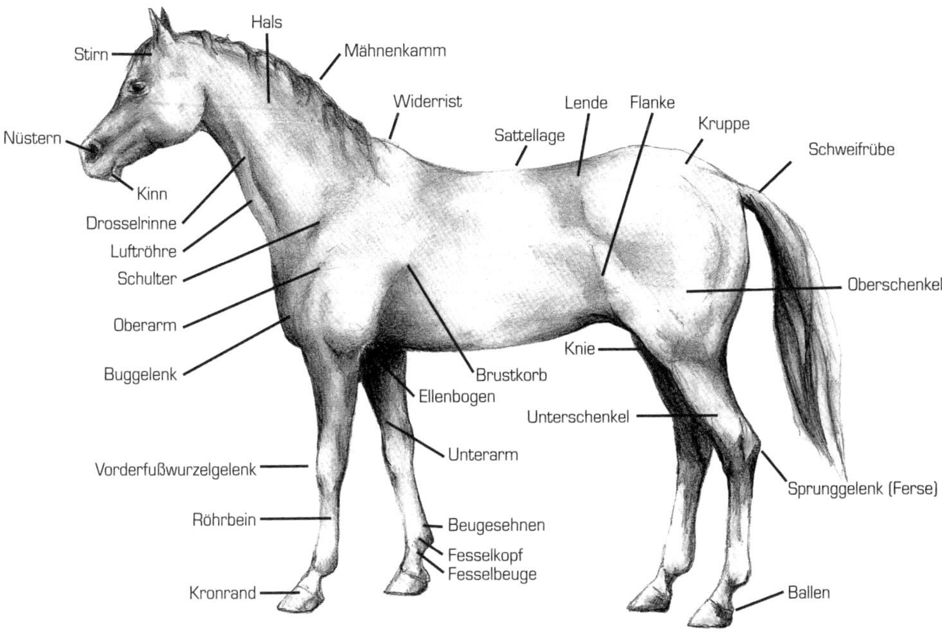

Zeichnungen: Denmann

Die tiefen Muskeln

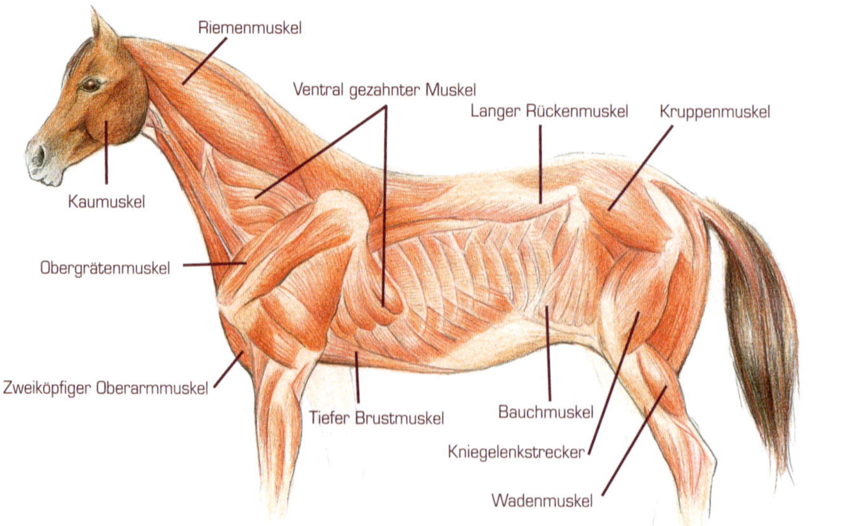

Die oberflächlichen Muskeln

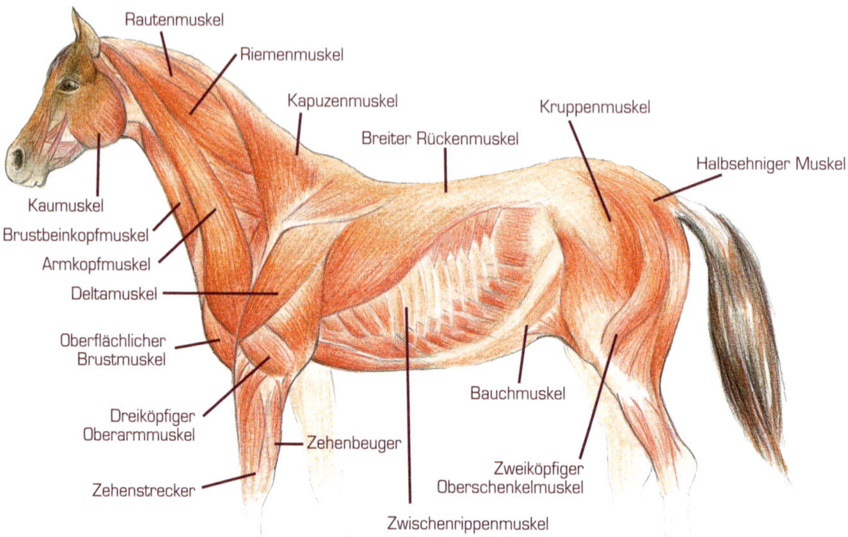

Zeichnungen: Denmann

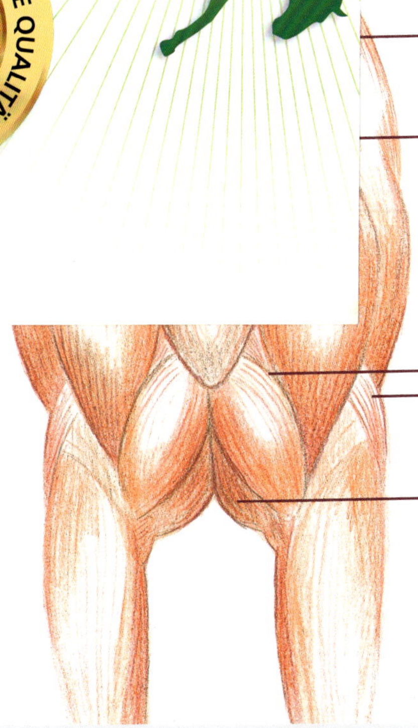

Zeichnung: Denmann

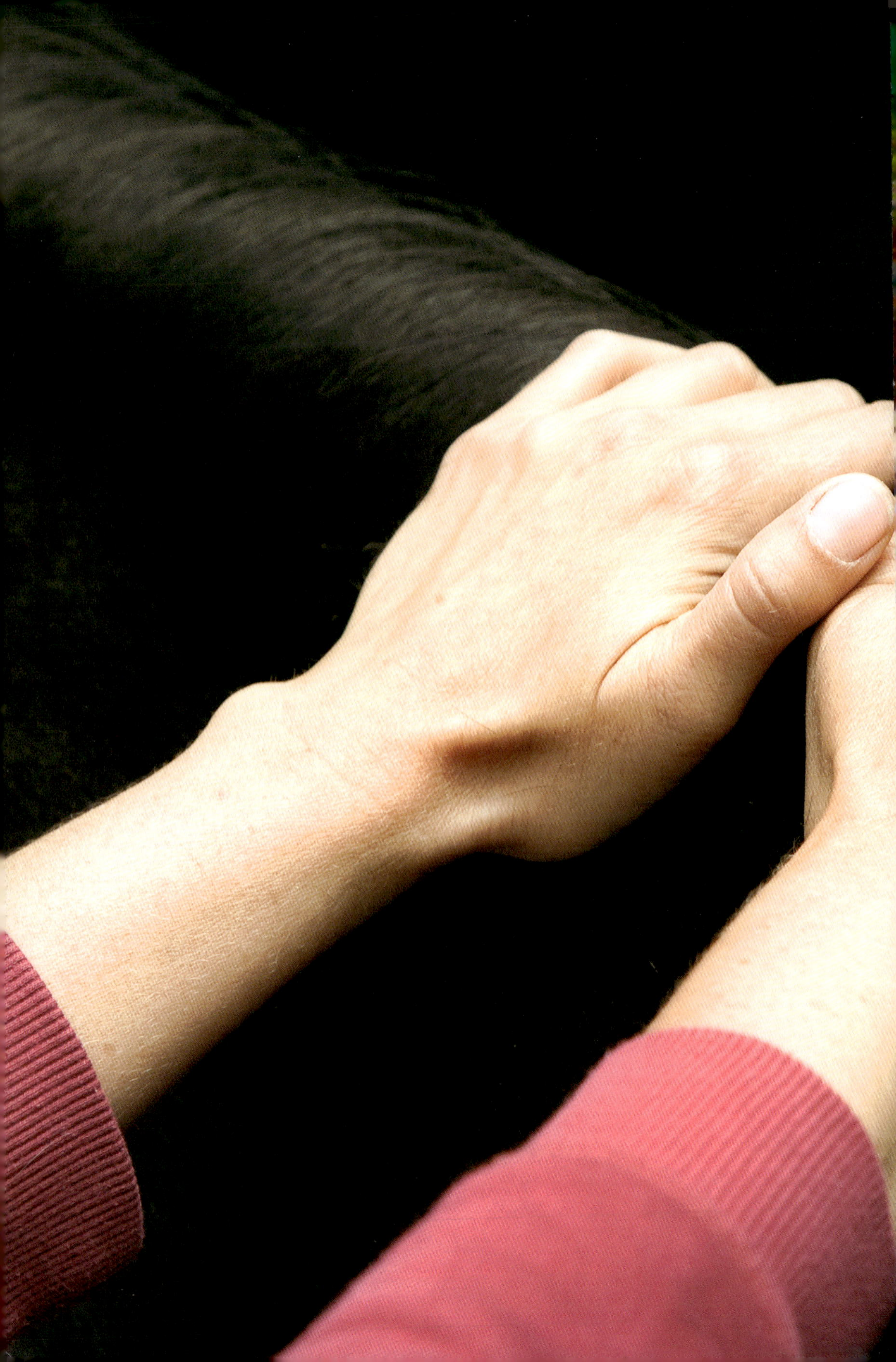

Verspannungen und Schmerzen erkennen

Es erfordert einige Übung, um den Zustand der Muskulatur erfühlen und beurteilen zu können, denn „die Hände müssen erst sehen lernen“. Es ist von Vorteil, bewusst immer wieder sein eigenes Pferd, aber auch viele andere Pferde anzufassen. Bei dem einen Pferdebesitzer dauert das „Fühlenlernen“ etwas länger, bei dem anderen geht es schneller. Nicht aufgeben!

Gute Muskulatur fühlt sich kräftig an, hat aber trotzdem eine elastische, gleichmäßige Oberfläche. Sind Muskeln nicht gut ausgebildet, fühlt es sich an, als ob man in Watte fasst. Hat man das Gefühl, alles ist bretthart, unelastisch und die Muskulatur hat wenig Volumen, dann liegen Verspannungen vor.

Für das Erkennen von Schmerzen ist dagegen die Beobachtungsgabe des Menschen gefragt. Pferde können nicht schreien oder uns wortreich erklären, wo es wehtut. Sie können es uns aber auf ihre Weise sagen.

Das Schweifschlagen, Beißen oder Ausschlagen, wenn wir schmerzhafte Bereiche berühren, sind eigentlich ganz eindeutige Zeichen. Dennoch werden sie oft ignoriert und manchmal auch bestraft. Es ist natürlich nicht so, dass das Pferd uns verletzen darf, aber wir sollten trotzdem einmal genauer hinsehen, warum das Pferd jetzt so massiv reagiert. Vielleicht haben wir ja vorher kleinere Hinweise des Pferdes übersehen.

Kleinere Zeichen sind: sich nicht gern putzen und anfassen lassen, beim Berühren an bestimmten Stellen die Ohren anlegen oder der Versuch, zur Seite oder nach hinten auszuweichen.

Manchmal können Veränderungen im Gesichtsausdruck des Pferdes ebenfalls auf Schmerzen hinweisen. So können ein nach innen gekehrter Blick, eine ständig hängende Unterlippe oder ständig müde aussehende Augen und hängende Ohren unter Umständen ein Ausdruck für Schmerzen sein.

Auswirkungen von Verspannungen

Verspannungen in der Muskulatur haben oft sehr weitreichende Folgen für den gesamten Bewegungsapparat. Ein Beispiel: Durch falsche

Verspannungen in der Muskulatur haben negative Auswirkungen auf die Bewegung des Pferdes. (Foto: Christiane Slawik)

Abnutzung der Pferdezähne entstehen an der Außenfläche der Oberkieferbackenzähne Haken. Diese sind sehr scharfkantig und verursachen Verletzungen auf der Innenseite der Wange, was für das Pferd sehr schmerzhaft ist. Bei der Futteraufnahme wird das Pferd versuchen so zu kauen, dass möglichst wenig Schmerzen entstehen. Beim Reiten wird das Pferd versuchen, das Gebiss festzuhalten, damit es möglichst wenig gegen die Haken schlägt. Zunächst verspannt sich bei dieser Fehlstellung die Kehlgangs- und Nackenmuskulatur. Über die bereits beschriebenen Muskelketten (siehe Seite 20) verspannt dann immer mehr die gesamte Muskulatur. Das kann dazu führen, dass das Pferd nach geraumer Zeit nicht mehr richtig untertritt.

Mögliche Ursachen für Verspannungen

- schlecht passende Sättel
- nicht angepasstes Training
- schief und verspannt sitzender Reiter
- Störung der natürlichen Bewegungsabläufe des Pferdes beim Reiten
- Knochenprobleme beim Pferd, die Schmerzen verursachen
- Stoffwechselprobleme beim Pferd

Muskeln, die man kennen sollte

Nachfolgend sind einige Muskeln dargestellt, und es wird aufgezeigt, zu welchen Problemen Verspannungen in dem jeweiligen Muskel führen können. Mit der ab Seite 51 beschriebenen Massage können prophylaktisch Problemzonen immer wieder überprüft und zur Entspannung behandelt werden. Gleichzeitig sollte jedoch hinterfragt werden, welche Ursache eine Verspannung hat. Wenn möglich, sollte die Ursache des Problems aus der Welt geschafft werden.

Außerdem sollte bei der Behandlung von Muskulatur immer ganzheitlich vorgegangen werden, da immer eine Vielzahl von Muskeln an den Bewegungen beteiligt ist. So kann es sein, dass die Ursache für ein Problem an einer ganz anderen Stelle lokalisiert ist, als man vermutet.

Oberflächlicher Teil des Kaumuskels (Musculus masseter superficialis)

Der oberflächliche Teil des Kaumuskels dient dem Hochziehen und Anpressen des Unterkiefers gegen den Oberkiefer und ist außerdem für die Seitwärtsbewegung des Unterkiefers, also die mahlende Kaubewegung, zuständig. Dieser Muskel ist häufig verspannt bei Zahnproblemen.

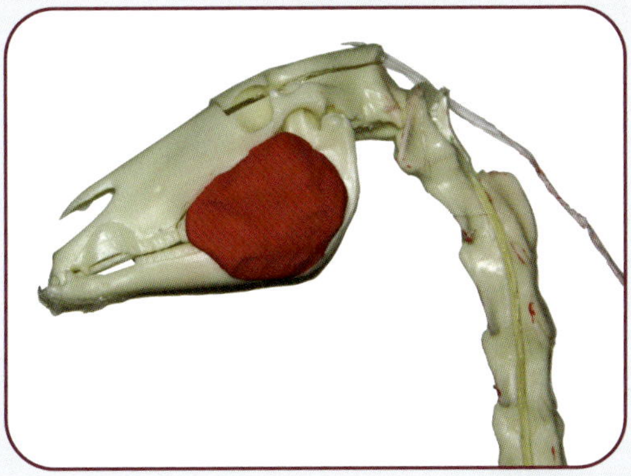

Der oberflächliche Teil des Kaumuskels ist oft verspannt, wenn das Pferd Zahnprobleme hat. (Foto: Claudia Jung)

Verspannungen liegen aber auch vor, wenn das Pferd versucht, Schmerzen im Maulbereich durch eine nicht passende Trense oder eine zu harte Reiterhand durch Zusammenbeißen der Zähne zu vermeiden.

Kopfmuskeln

Diese Muskulatur verspannt sich unter anderem dann, wenn sich ein angebundenes Pferd in das Halfter hängt und rückwärtszieht. Werden die Verspannungen nicht wieder gelöst, können diese beim Pferd Kopfschmerzen auslösen. Jeder, der verspannte Nackenmuskeln und daraus resultierende Spannungskopfschmerzen kennt, kann das seinem Pferd sicherlich nachfühlen und weiß, wie gut hier eine einfühlsame (!) Massage tut.

Achtung

Sollte das Pferd bei der Massage in diesem Bereich den Kopf hochreißen und sich wehren, hat es hier bereits Schmerzen oder Blockaden im Kopf- und Genickbereich. Lassen Sie dann einen Osteopathen oder Physiotherapeuten für Pferde die Blockaden und Verspannungen lösen, bevor Sie selbst mit den nachfolgend dargestellten Massagegriffen dafür sorgen, dass keine erneuten Verspannungen auftreten.

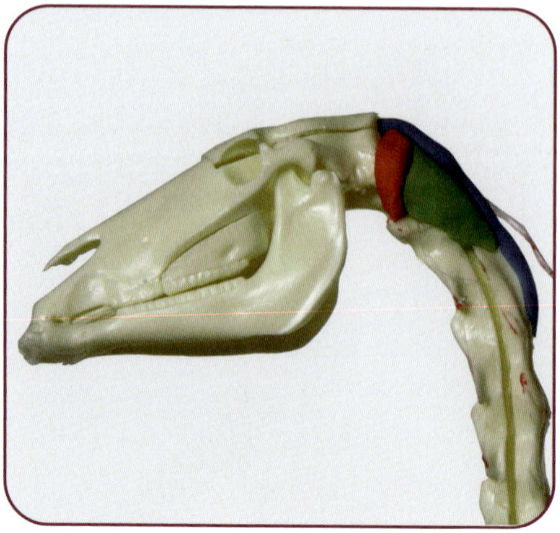

Die Kopfmuskeln im Überblick: Rot ist der vordere schiefe Kopfmuskel, der das Kopfgelenk streckt und den Kopf schief stellt. Grün ist der hintere schiefe Kopfmuskel, der den Kopf dreht und das Gelenk zwischen dem ersten und zweiten Halswirbel feststellt. Blau ist der große gerade Kopfmuskel. Seine Funktion besteht in der Streckung des Gelenks zwischen dem Hinterkopf und dem ersten Halswirbel sowie im Heben des Kopfes. (Foto: Claudia Jung)

Arm-Kopf-Muskel (Musculus brachiocephalicus)

Dieser Muskel ist der wichtigste Vorwärtsführer der gesamten Vordergliedmaße und – wenn er nur einseitig angespannt wird – ein Seitwärtsbieger von Hals und Kopf. Ist dieser Muskel verspannt, kann es zu Problemen in den Wendungen und einer Verkürzung der Schrittlänge kommen.

Beim Vorwärtsführen der Gliedmaße wird der Hals gehoben, beim Auffußen wieder gesenkt. Nur bei einem losgelassenen und frei vorwärtsschreitenden Pferd kann man bei jedem Schritt im Hals diese Nickbewegung sehen. Bei Pferden, die im Schritt, Trab und Galopp einen verkürzten Gang zeigen, ist die Halsmuskulatur angespannt und diese Nickbewegung wird nicht gezeigt. Einerseits kommt diese Bewegung aus der oberen Verbindung des Halses mit Rumpf und Schulter zustande, andererseits aus der unteren

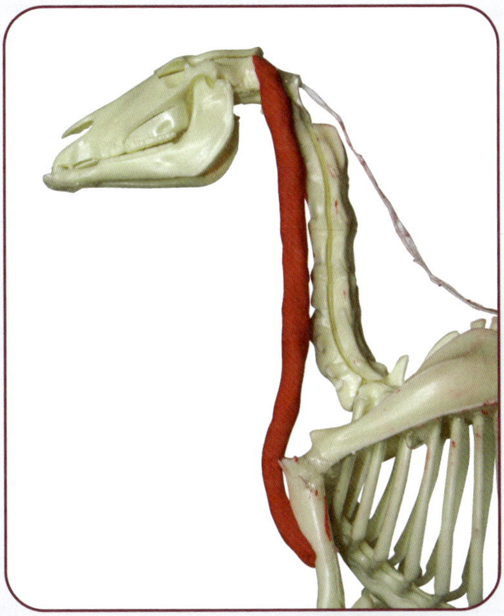

Ist der Arm-Kopf-Muskel verspannt, kann es zu Problemen bei Wendungen und zu einer Verkürzung der Schrittlänge kommen. (Foto: Claudia Jung)

Tipp:
Wer häufiger Probleme mit Schlundverstopfungen bei seinem Pferd hat, sollte in jedem Fall überprüfen, ob der Arm-Kopf-Muskel stark verspannt ist. Neben den tierärztlichen Anordnungen ist es einen Versuch wert, den Arm-Kopf-Muskel zu entspannen und zu schauen, ob hier eine positive Veränderung eintritt.

Verbindung des Halses mit der Vordergliedmaße. Schwingt das Vorderbein nach vorn, werden Anteile der Nackenmuskulatur und der obere Teil des Schulterblattes zurückverlagert. Dadurch wird ein Zug auf die in gleichmäßiger Dehnung befindlichen Nackenmuskeln ausgeübt, wodurch der Hals angehoben wird.

Der Arm-Kopf-Muskel stellt die untere Verbindung zwischen Hals und Vorderbein her. Seine Aktionsbasis wird durch das Anheben des Halses nach vorn-oben verlegt, das heißt, er wird erst gedehnt, bevor er sich dann zusammenzieht (kontrahiert) und damit seine Hubhöhe vergrößert. Auf diese Weise wird das Vorgreifen des Vorderbeins geräumiger.

Sofern sich die Verspannungen in diesem Muskel nicht auflösen lassen oder immer wiederkehren, sollte unbedingt die Ursache festgestellt werden. Dies könnte zum Beispiel die Reitweise oder eine Schonhaltung des Pferdes sein.

Trapez- oder Kapuzenmuskel (Musculus trapezius)

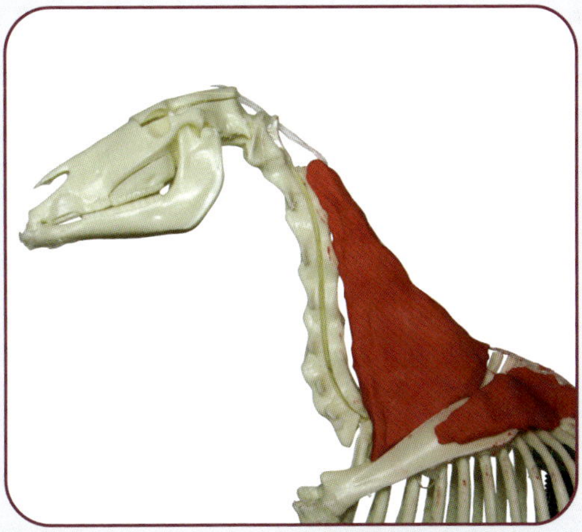

Der Trapez- oder Kapuzenmuskel ist ein Vorwärtsführer der Vordergliedmaße, außerdem hilft er der Vordergliedmaße beim Seitwärtstreten. (Foto: Claudia Jung)

Wenn sich der Trapezmuskel verspannt, ist die Schulterbeweglichkeit eingeschränkt. Dies führt zur Verminderung des Raumgriffs der Vordergliedmaße und damit zur Einschränkung bei der Verstärkung der Gangarten.

Außerdem ist er als Polster der Sattellage wichtig. Pferde, die hinter den Schulterblättern tiefe Kuhlen aufweisen, sind häufig mit nicht passenden Sätteln (zum Beispiel zu enger Kammer) geritten worden, sodass der Trapezmuskel während der Arbeit nur ungenügend mit Sauerstoff versorgt wurde und über die Zeit in sich zusammenfällt (atrophiert).

Langer Rücken-, Hals- und Kopfmuskel (Musculus longissimus)

Dieser Muskel zieht in verschiedenen Anteilen vom Kreuzbein bis zum Kopf. Wichtig in diesem Zusammenhang ist besonders der Rückenteil (Musculus longissimus dorsi). Wenn er verspannt ist, läuft das Pferd mit einem festgehaltenen Rücken und kann – aufgrund der Verbindung dieses Muskels mit den Rippen – nicht frei atmen.

Das gerittene Pferd sollte mit Kopf und Hals als Balancierstange das Reitergewicht ausbalancieren. Hierzu wird die obere Halsmuskulatur benötigt, die mit dem Nackenband und der Nackenplatte verbunden ist. Das Nackenband geht am Widerrist, wo es an den dortigen Dornfortsätzen befestigt ist, in das Rückenband über.

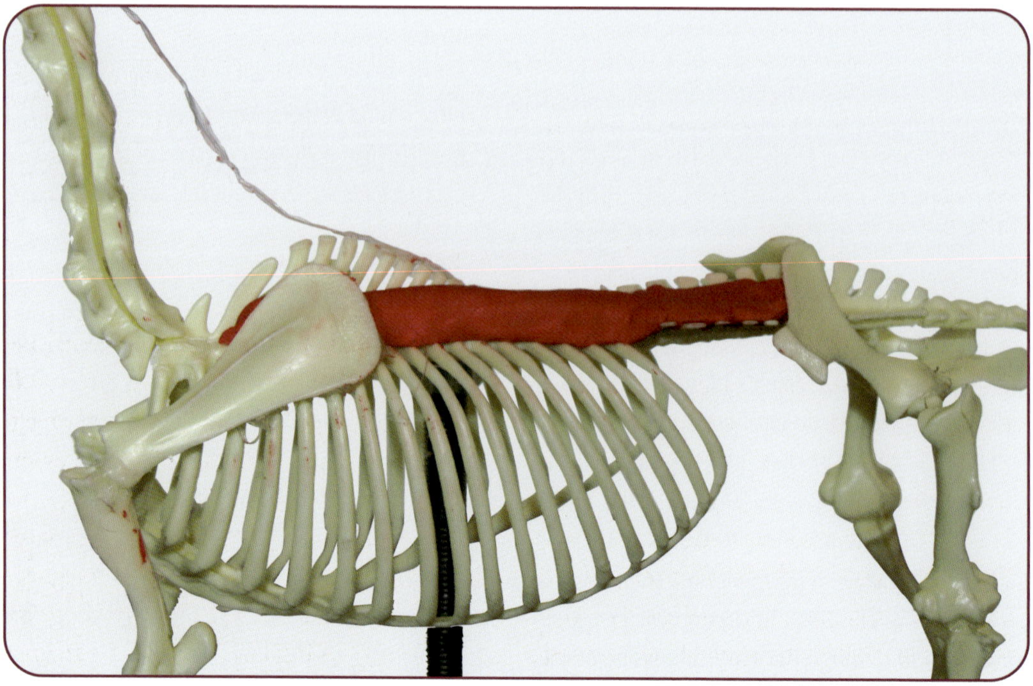

Bei Verspannungen des langen Rücken-, Hals- und Kopfmuskels hält das Pferd den Rücken fest und ist deshalb unter anderem schwer auszusitzen. (Foto: Claudia Jung)

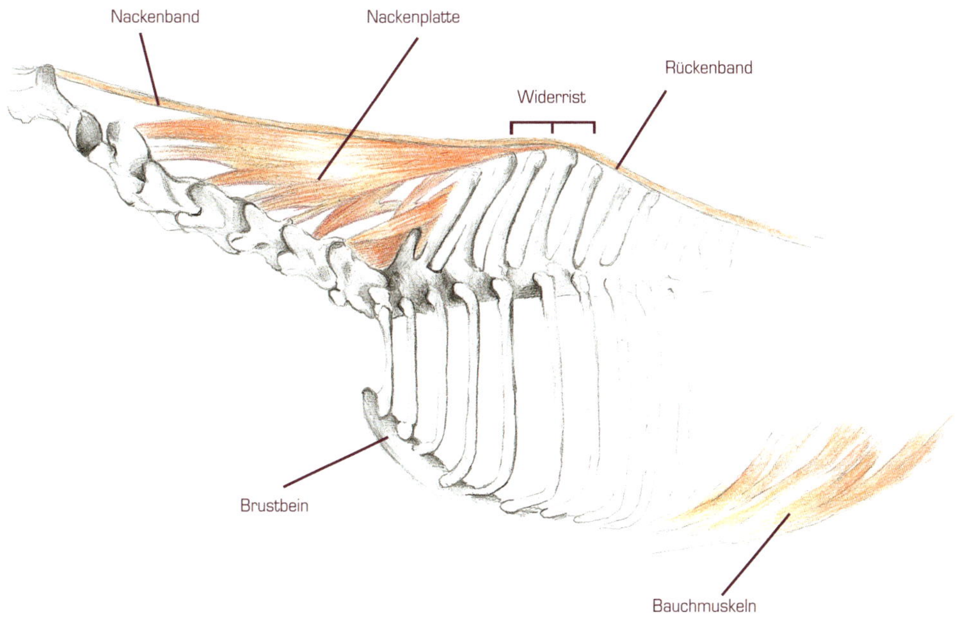

Das Rückenband ist ebenfalls an den Dornfortsätzen der Brust- und Lendenwirbelsäule befestigt.
Dieser Bandapparat bewirkt bei Dehnung des Halses nach vorn eine Anhebung des Rückens. Rücken- und Lendenmuskulatur dienen der Fortbewegung. (Zeichnung: Denmann)

Der lange Rückenmuskel ist kein Tragemuskel, sondern ein Bewegungsmuskel. Seine Tätigkeit dient ausschließlich der Fortbewegung und nicht dem Tragen des Reitergewichts. Wenn ein Pferd versucht, sich das Tragen des Reitergewichts durch Zusammenziehen dieses Muskels leichter zu machen, versteift es den Rücken, schwingt dann nicht mehr und lässt den Reiter nicht sitzen.

Breiter Rückenmuskel (Musculus latissimus dorsi)

Dieser Muskel ist ganz besonders wichtig bei Zugpferden, da er im schweren Zug das Aufkrümmen der Wirbelsäule verhindert und gleichzeitig das Vorwärtsstemmen des Rumpfes unterstützt. Aber auch bei allen anderen Pferden ist dieser Muskel von großer Bedeutung, da er die Verbindung vom Rücken zu den Vordergliedmaßen herstellt. Läuft das Pferd mit verkrampfter Anspannung im Rücken, wird der Raumgriff der Vordergliedmaßen nach vorn gestört und das Pferd bekommt einen kurzen, abgehackten

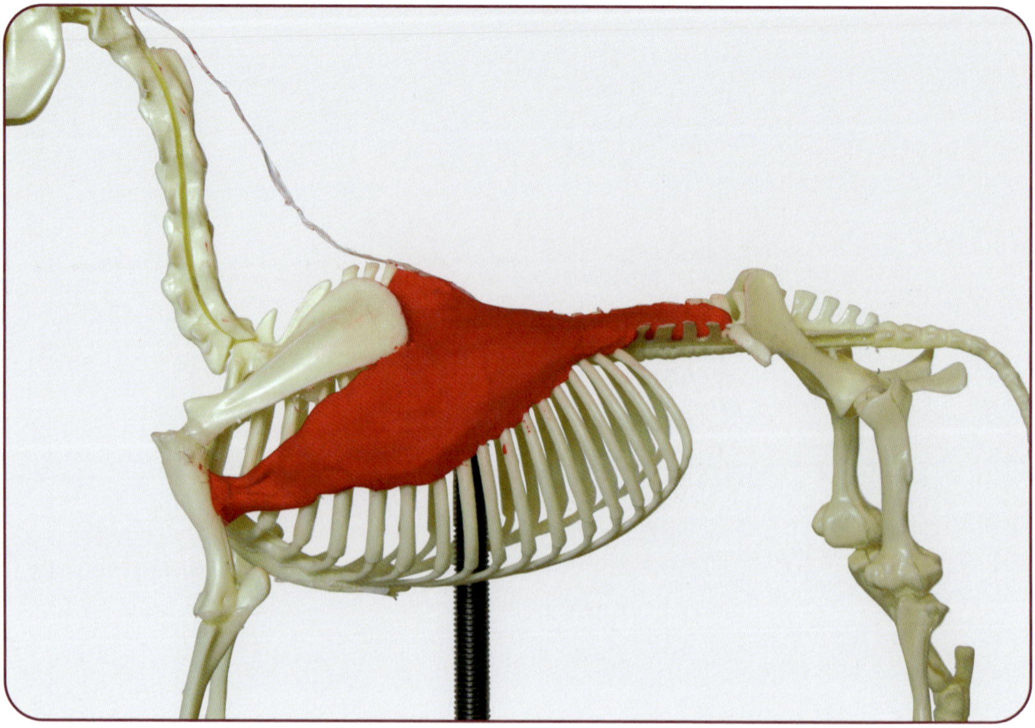

Der breite Rückenmuskel stellt die Verbindung vom Rücken zu den Vordergliedmaßen her. (Foto: Claudia Jung)

Gang. Schmerzen in den Vordergliedmaßen hingegen können nach gewisser Zeit zu Rückenverspannungen führen.

Hat das Pferd zum Beispiel Probleme im Mitteltrab und läuft lediglich schneller anstatt schwungvoller oder wehrt sich sogar gegen diese Dressurlektion, kann unter anderem eine Verspannung in diesem Muskel die Ursache sein.

Bauchmuskulatur

Die vier Bauchmuskeln bilden einen Tragegurt, der sich zusammenziehen und damit dem Gewicht und Volumen der inneren Organe anpassen kann. Eine gut trainierte und damit unter Spannung befindliche Bauchmuskulatur bietet den Rückenmuskeln einen Gegendruck, indem sie den Rumpf trägt und dieser nicht am Rücken aufgehängt ist. Ferner übt eine gut trainierte Bauchmuskulatur Zug am Becken aus, sodass dieses steiler gestellt wird und die Hintergliedmaßen gut untertreten können.

Ohne Bauch kein Rücken! Das bedeutet: Ein kräftiger Rücken ist für eine gesunde Bewegung notwendig, dieser hängt aber von kräftigen Bauchmuskeln ab.

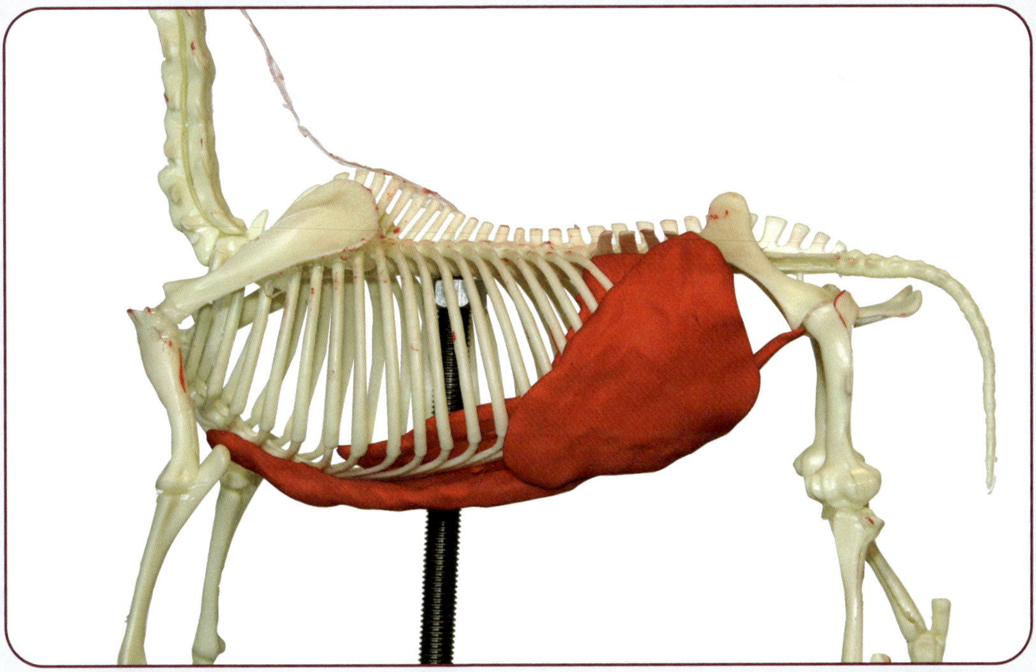

Die Bauchmuskeln sind in erster Linie Träger der inneren Organe und in zweiter Linie auch Bewegungsmuskeln. Sie treten im Galopp in Aktion, indem sie in der Schwebephase die Hinterhand vorschwingen lassen.
(Foto: Claudia Jung)

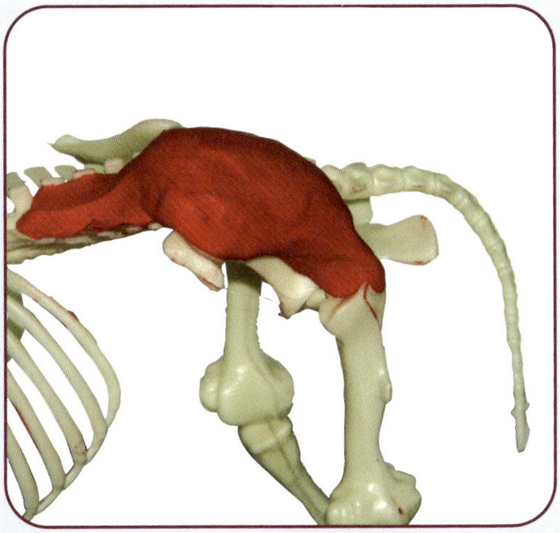

Der mittlere Kruppenmuskel ist die Drehscheibe: Hier wird die Kraft auf den Rücken übertragen.
(Foto: Claudia Jung)

Mittlerer Kruppenmuskel (Musculus glutaeus medius)

Dieser Muskel ist der stärkste Strecker des Hüftgelenks und der Motor der Bewegung, da er eine Schubwirkung auf den Rumpf nach vorn hat. Da er durch derbes Bindegewebe, die sogenannte Lendenzacke, mit dem Rückenteil des langen Rücken-, Hals- und Kopfmuskels in Verbindung steht, wird hier die Bewegung auf den Rücken übertragen. Verspannungen in diesem Muskel führen daher zu Rückenschmerzen, aber auch zu einer eingeschränkten Beweglichkeit der Hüfte und zu steifen Bewegungen der Hinterhand.

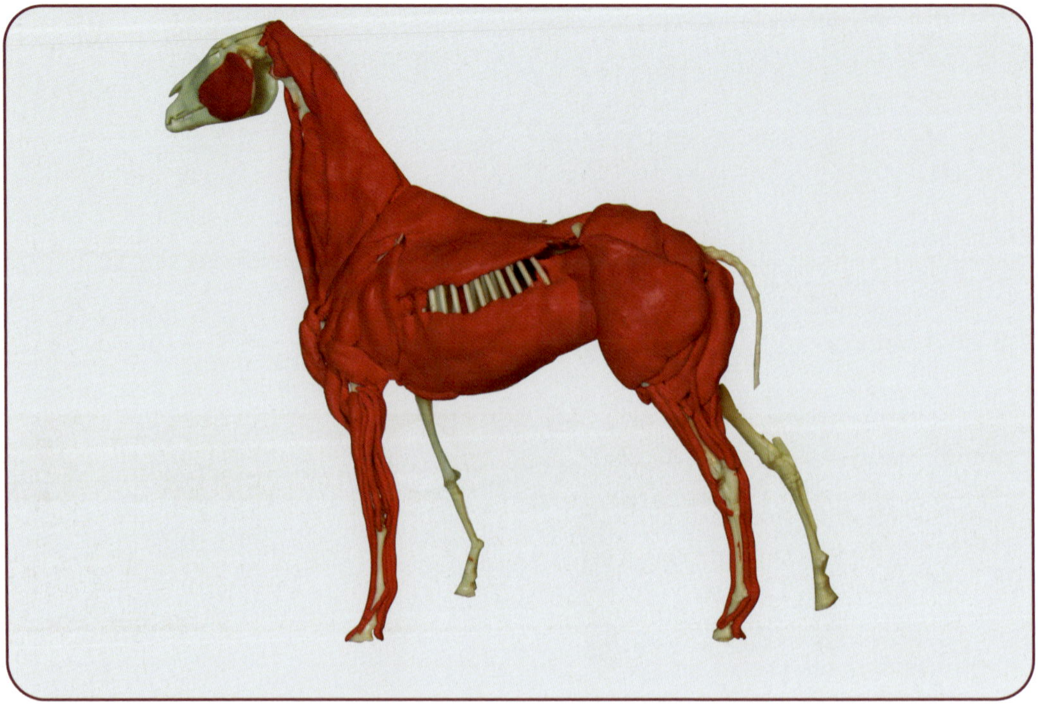

Hier ist die oberflächliche Muskulatur am Skelettmodell mit Knete nachgebildet. Insgesamt gibt es oberflächliche, mittlere und tiefe Muskulatur, die auch ineinander übergehen. (Foto: Claudia Jung)

Was Muskeln guttut

Die Massage ist sicherlich ein ganz wesentliches Mittel, um Muskeln etwas Gutes zu tun und Verspannungen sowohl vorbeugend zu verhindern als auch sanft aufzulösen. Daneben gibt es jedoch noch weitere Maßnahmen für das Wohlbefinden der Muskeln, an die man denken sollte, damit Probleme in der Muskulatur nicht immer wieder erneut auftreten.

Wärme

Wärme fördert die Durchblutung und kann schmerzlindernd wirken. Bei nasskaltem Wetter kann Wärme vor dem Reiten der Muskulatur helfen, besser in einen Arbeitszustand zu kommen. Das verringert die Verletzungsgefahr. Als Wärmequelle können hierfür Wärmflaschen, Hotpacks, Solarien oder eingepackte Moorpackungen verwendet werden – je nachdem, was im Stall vorhanden ist, um Wärme zu erzeugen.

Wärmequellen dürfen nicht zu heiß auf das Pferd gelegt werden, damit keine Verbrennungen entstehen. Den Wärmegrad kann man gut an der Unterseite des eigenen Unterarms testen. Ist es am Unterarm angenehm, ist es für das Pferd in Ordnung. Diesen Test kennt wahrscheinlich jeder, der schon einmal für ein Baby Nahrung zubereitet hat, die nicht zu heiß

Können der Trapezmuskel und der darunterliegende Rautenmuskel nicht richtig arbeiten, weil der Sattel drückt, fallen sie in sich zusammen (atrophieren); es entsteht eine Kuhle hinter dem Schulterblatt.

sein darf. Wickeln Sie die Wärmequelle in jedem Fall noch einmal in ein Handtuch, bevor Sie diese auf das Pferd legen.

Wichtig: Vorherige Wärmeanwendungen sind nicht dazu geeignet, die Aufwärmphase beim Reiten zu verkürzen, weil die tiefe Muskulatur dadurch nicht erreicht wird.

Gutes, angepasstes Training

Im Rahmen eines Muskelaufbautrainings kommt es durch den Trainingseffekt zur Hypertrophie der Muskelfasern (Zunahme des Zellvolumens ohne Zellvermehrung) (siehe auch Seite 17).

Magnetfeldtherapie

Bei der Magnetfeldtherapie werden Magnetfeldimpulse erzeugt, die eine erhöhte Energiezufuhr in den Zellen zur Folge haben sollen. Diese soll die Regenerationsfähigkeit von Muskel- und Bindegewebszellen steigern. Der verbesserte Zellstoffwechsel soll den schnelleren Abbau von Stoffwechselprodukten bewirken.

Regelmäßige Sattelkontrollen

Der Sattel sollte so angepasst sein, dass er den Rücken frei arbeiten lässt und die Muskulatur in ihrer Arbeit nicht einschränkt. Drückt der Sattel während der Arbeit zum Beispiel im Bereich des Trapezmuskels (siehe Seite 29) und des darunterliegenden Rautenmuskels, kann hier der Muskelstoffwechsel eingeschränkt werden und die Muskeln fallen in sich zusammen (atrophieren). Es entsteht eine Kuhle hinter dem Schulterblatt.

- **Kontrolle der eigenen Körperhaltung durch einen Physiotherapeuten oder Osteopathen**
  Wenn der Reiter schief sitzt, kann das Pferd unter ihm nicht frei laufen. Es muss seine Körperhaltung so anpassen, dass es das schiefe Reitergewicht ausbalancieren kann.
  Probieren Sie es aus: Gehen Sie in den Vierfüßlerstand und lassen Sie jemanden auf Ihrem Rücken Platz nehmen. Wie fühlt es sich an, wenn derjenige ganz gerade sitzt, und wie verändert sich Ihre Muskelspannung, wenn der auf dem Rücken Sitzende sein Gewicht auf eine Seite verlagert?
  Achtung: Diese Übungen sollten Sie nicht probieren, wenn Sie Rücken- oder Bandscheibenprobleme haben. Außerdem sollte die Person auf Ihrem Rücken nicht zu schwer sein. Womit wir auch schon bei dem nächsten Punkt sind:
- **Geeignetes Reitergewicht**
  Der Reiter sollte für das Pferd nicht zu schwer sein. Man geht davon aus, dass das Pferd 20 Prozent seines eigenen Gewichts tragen kann. Das bedeutet aber nicht, dass Sie sich jetzt morgens vor dem Frühstück nackt auf die Waage stellen und erleichtert feststellen, dass Sie nicht zu schwer sind. Zur Ermittlung des korrekten Gewichts bitte mit kompletter Reitgarnitur, einschließlich Reithelm, Sattel und Zaumzeug und was man sonst noch am und auf dem Pferd trägt, auf die Waage stellen. Ein Beispiel: Wenn Ihr Pferd 500 Kilogramm wiegt, sollten Sie mit sämtlichem Zubehör maximal 100 Kilogramm auf die Waage bringen.
- **Gutes Aufwärmen vor der Arbeit**
  Gutes Aufwärmen bedeutet circa 20 Minuten Schritt reiten, bevor die Arbeit anfängt, denn aufgewärmte, vorgedehnte Muskelfasern sind wesentlich elastischer als kalte (siehe auch Seite 18). Außerdem benötigen auch Gelenke und Gelenkknorpel diese Zeit, um auf „Betriebstemperatur“ zu kommen. Durch eine gute Aufwärmphase wird die Verletzungsgefahr für das Pferd wesentlich geringer.

Was man Muskeln nicht antun sollte

Um Muskeln lange elastisch, locker und in einem guten Trainingszustand zu erhalten, sollte man Folgendes nicht tun:

- **Übermäßige Spontanbelastung der Muskulatur**
  Bei einer übermäßigen Spontanbelastung eines Muskels kann es zum Beispiel zu einem Muskelfaserriss kommen. Der Muskelfaserriss ist die häufigste Folge einer Überlastung. Jede Muskelfaser schließt an eine Sehnenfaser an. Im Gegensatz zu Sehnenfasern sind Muskelfasern jedoch nicht miteinander verbunden, was dazu führt, dass auf eine Muskelfaser einwirkende Kräfte nicht auf weitere Muskelfasern verteilt werden können. Die Muskelfaser zerreißt und wird durch Bindegewebe ersetzt, wodurch eine Narbe

entsteht und sich der Muskel verkürzen kann. Je nachdem, welcher Muskel betroffen ist, kann es zu Bewegungseinschränkungen beim Pferd kommen.

- **Dehnen von kalter Muskulatur**
  Es gibt diverse Übungen, die man immer wieder in Büchern und Zeitschriften findet, wie zum Beispiel das Herausziehen der Vorder- und Hinterbeine nach vorn und hinten oder die sogenannten Leckerliübungen, wo das Pferd an der Brust, zwischen den Vorderbeinen oder je nach Beweglichkeit bis zum Hüfthöcker versucht, das Leckerli zu bekommen. Dies sind in jedem Fall Übungen, die man entweder nach einer gründlichen (!) Massage oder nach dem Reiten durchführen sollte, also erst, wenn die Muskulatur gut aufgewärmt ist. Anderenfalls können sie ebenfalls zu Muskelverkrampfungen oder Muskelfaserrissen führen.
  Sinnvolle Aufwärmübungen vor dem Reiten sind zum Beispiel Massagen und lange Schrittphasen. Ausgiebiges Dehnen der Muskulatur ist hingegen erst nach dem Reiten angesagt.

Die Massage ersetzt nicht die Schrittphase vor dem Reiten.

- **Erhitzte Muskulatur mit eiskaltem Wasser abspritzen**
  Das ist zu vergleichen mit dem Effekt, wenn man kaltes Wasser auf eine heiße Herdplatte kippt: Das Wasser verdampft und die Herdplatte bleibt heiß. Damit eine Lockerung der Muskulatur und zugleich ein sanfter Kühleffekt erreicht wird, müsste das Wasser etwa 20 Grad Celsius warm sein und das Pferd immer wieder gewässert werden. Wenn temperiertes Wasser nicht zur Verfügung steht, sollte das Abspritzen ganz unterbleiben.

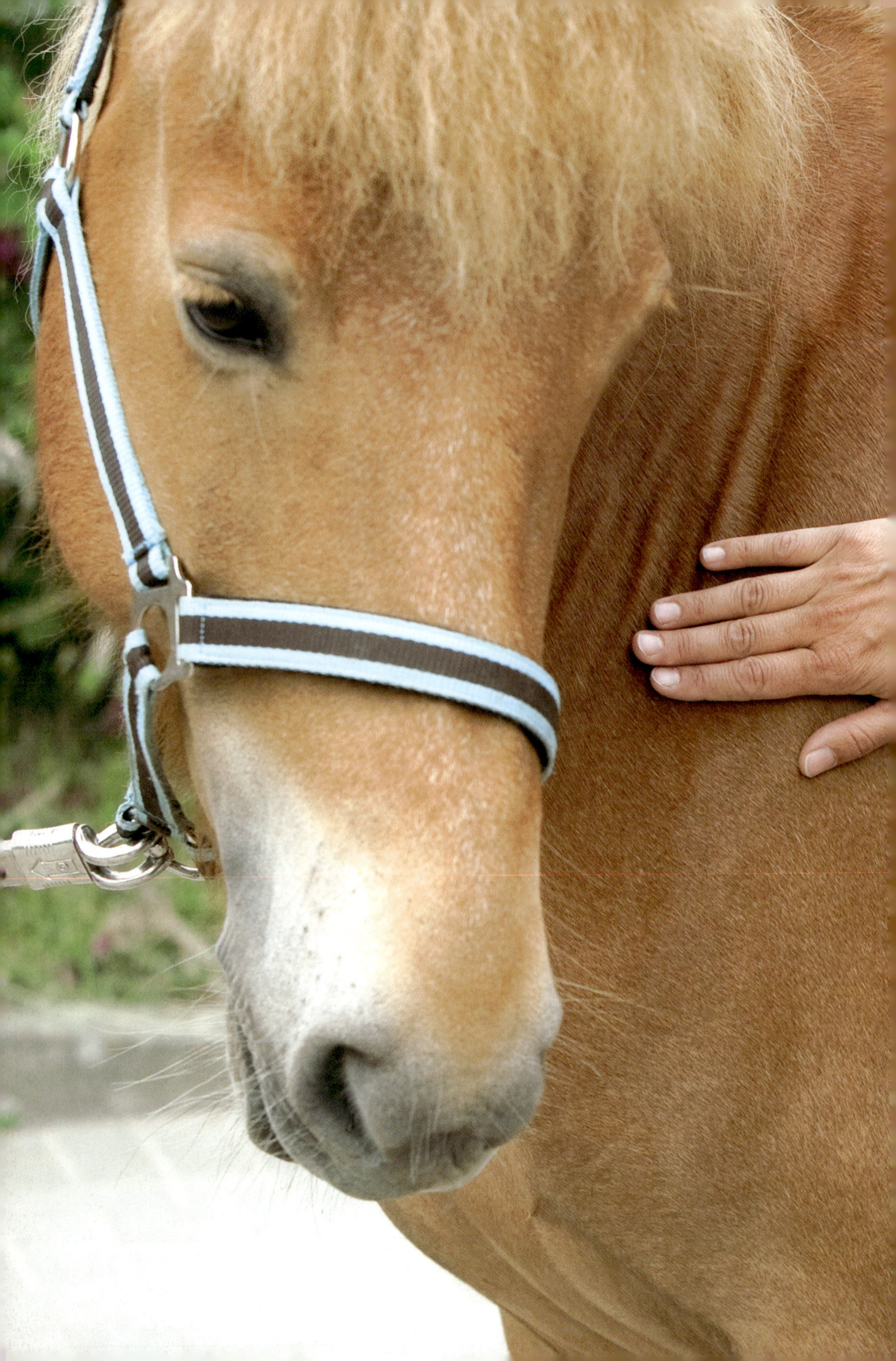

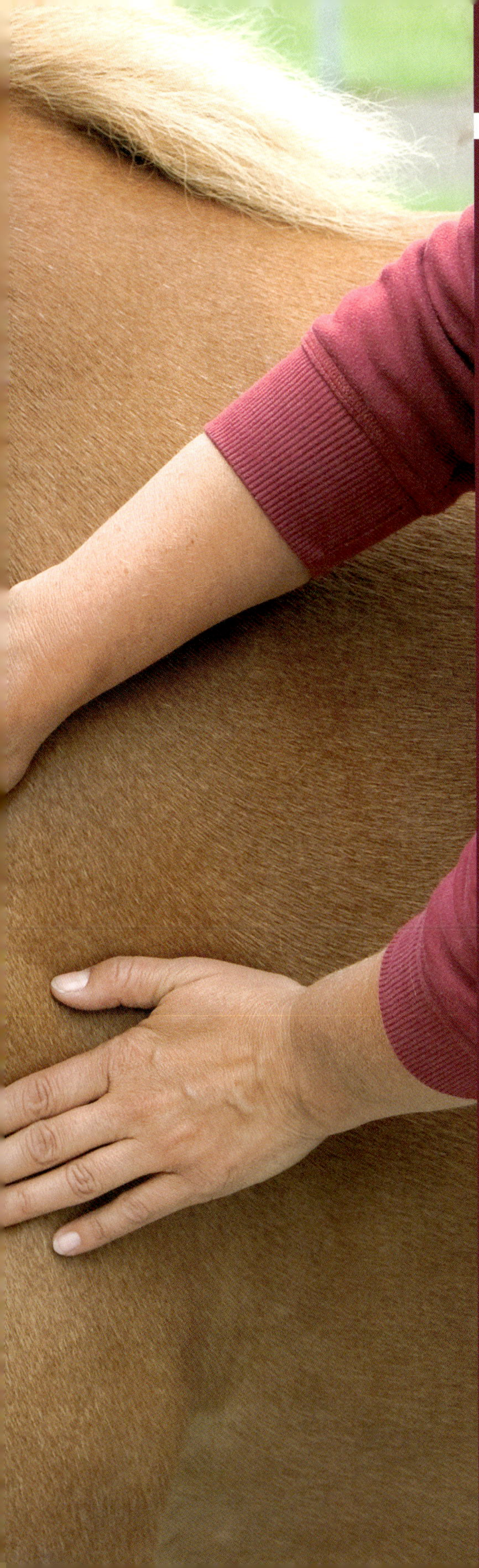

Massage – sanfte Arbeit mit tiefer Wirkung

Es ist immer spannend, am Anfang eines neuen Vorhabens zu stehen. Wenn Sie bisher nicht wussten, wie Sie mit der Massage beginnen sollen, oder schon angefangen haben, aber nicht weiterwissen, dann hoffe ich, dass Ihnen der Einstieg oder die Vertiefung mit der nachfolgenden ausführlichen Erklärung der Massagegriffe leichterfällt. Sobald Sie sie praktisch anwenden, werden Sie merken, wie viel Massage bewirken kann.

Wann und warum wird massiert?

Massage ist immer sinnvoll, wenn man nicht unter Zeitdruck steht oder Gründe vorliegen, die einer Massage entgegenstehen (siehe hierzu ab Seite 43).

Wir sollten uns gleich zu Beginn bewusst machen, dass wir natürlich nicht direkt mit den Muskeln in Berührung kommen, sondern mit der Haut, die viele sehr wichtige Aufgaben erfüllt. Sie ist nicht nur eine Hülle, die das Skelett und die inneren Organe zusammenhält, sondern das größte Sinnesorgan des Körpers. Die Haut enthält Nervenfasern (Rezeptoren), die den

Kontakt zwischen dem zentralen Nervensystem und der Umwelt herstellen, und zwar indem sie Informationen über die Temperatur, den Druck, die Spannung und den Schmerz weiterleiten.

Das Schmerzempfinden, das die Haut dem Gehirn übermittelt, stellt ein wichtiges Warnsystem dar.

Für die Menschen hat der Arzt Henry Head bereits 1889 wichtige Zusammenhänge zwischen inneren Organen und der Körperoberfläche aufgezeigt. Seiner Meinung nach können die Organe den Schmerz bei Krankheit nur bedingt selbst anzeigen und bedienen sich der zugehörigen Hautareale, die oftmals direkt über dem Organ liegen, manchmal aber auch in weiter entfernten Hautgebieten. Zum Beispiel ist ein typisches Symptom bei einem Herzinfarkt ein Schmerz im linken Arm. Hier sitzt sozusagen der gefühlte Schmerz des Herzens. Diese Hautareale werden nach ihrem „Entdecker" als Head'sche Zonen bezeichnet. Sie waren leider sehr lange in Vergessenheit geraten, heute bedient man sich ihrer wieder in der Reflexzonenmassage. Beim Menschen zeigen sich Probleme in diesen Zonen durch Verquellungen im Hautbereich. Bei unseren Pferden sind diese Zonen nicht so gut erforscht und aufgrund des Fells schwer zu ertasten. In der Osteopathie deuten Wirbelblockaden in bestimmten Bereichen auf bestimmte Organprobleme hin. Diese zu fühlen und zu behandeln ist dann schon höheres Können.

Immerhin hat jeder Pferdebesitzer über die Massage bereits die Möglichkeit, bestimmte Problemzonen frühzeitig zu erkennen und gegebenenfalls rechtzeitig den Tierarzt zu holen, um größere Verletzungen zu vermeiden. Wer aufmerksam massiert, kann zum Beispiel Hautregionen entdecken, die deutlich wärmer sind als andere. Hier können lokale Entzündungen, Prellungen oder Verstauchungen die Ursache sein. Wer sein Pferd regelmäßig massiert, wird schnell merken, wenn sich ein vorher entspannter Muskel plötzlich verspannt, kann dann schnell reagieren und die Ursache beseitigen.

Bei Untersuchungen, in denen man Kleinkinder massiert hat, konnte festgestellt werden, dass man durch die Massage das Immunsystem stärkt und damit die Widerstandsfähigkeit gegenüber Infektionen und anderen Krankheiten erhöht. Wissenschaftliche Untersuchungen für Fohlen in dieser Richtung gibt es noch nicht, es wäre jedoch gut möglich, dass dieses auch auf Fohlen zutrifft. Eigene Erfahrungen mit Fohlen haben ergeben, dass sie die Massagen sehr genießen. Ganz sicher ist, dass die Bindung zwischen Mensch und Fohlen durch eine gute, gefühlvolle Massage gestärkt wird.

Aber auch erwachsene Pferde profitieren von einer Massage auf vielfältige Weise, zum Beispiel:

- einfach nur als Wellness,
- zur Vorbereitung auf die Arbeit,
- zur Entspannung des Nervenkostüms bei gestressten Pferden, denn negativer Stress kann zur Schwächung des Immunsystems führen, wodurch das Pferd anfälliger für Krankheiten werden kann,

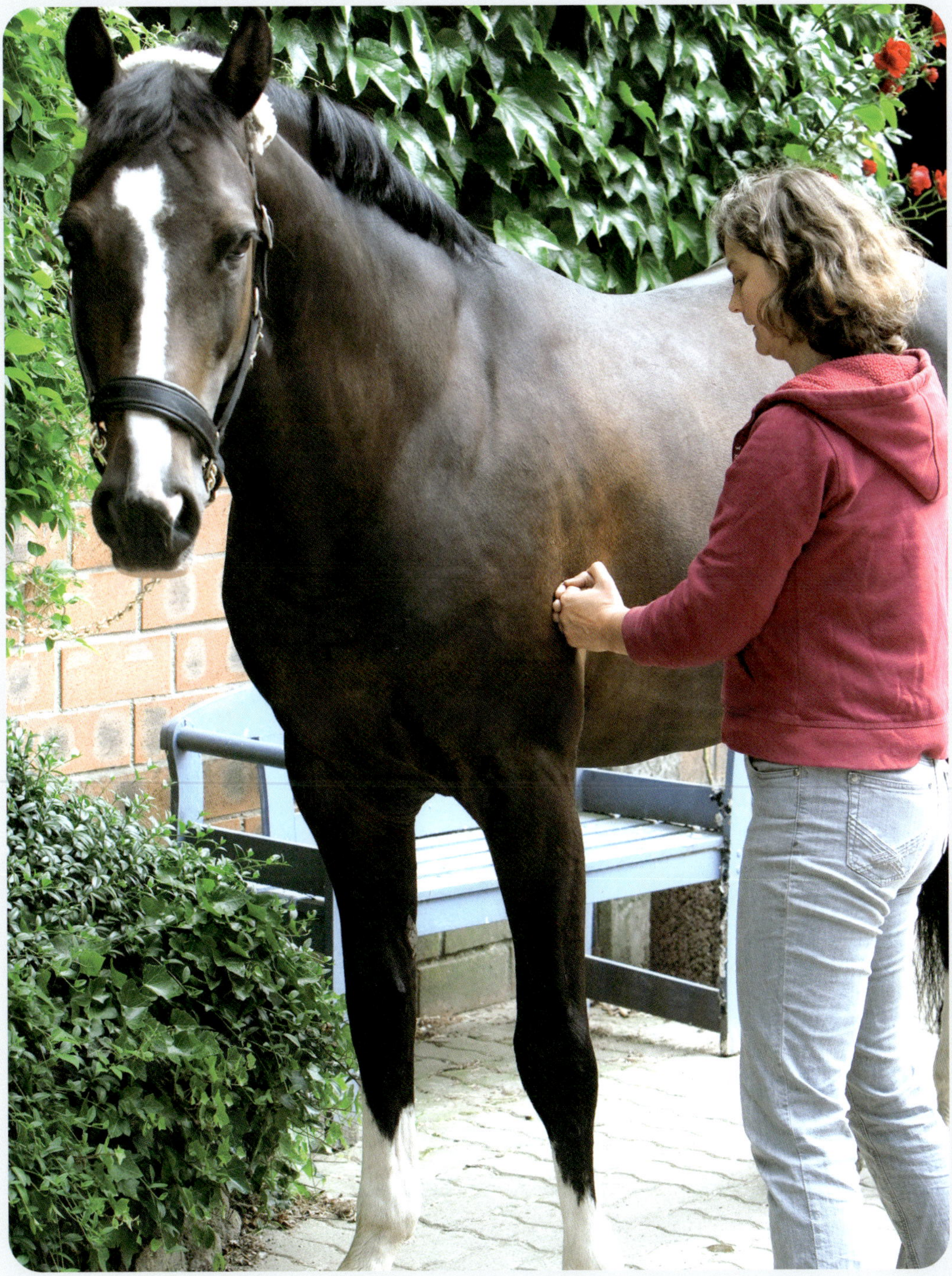

Pferde jeden Alters und aus jeder Disziplin profitieren von den Wirkungen einer Massage.

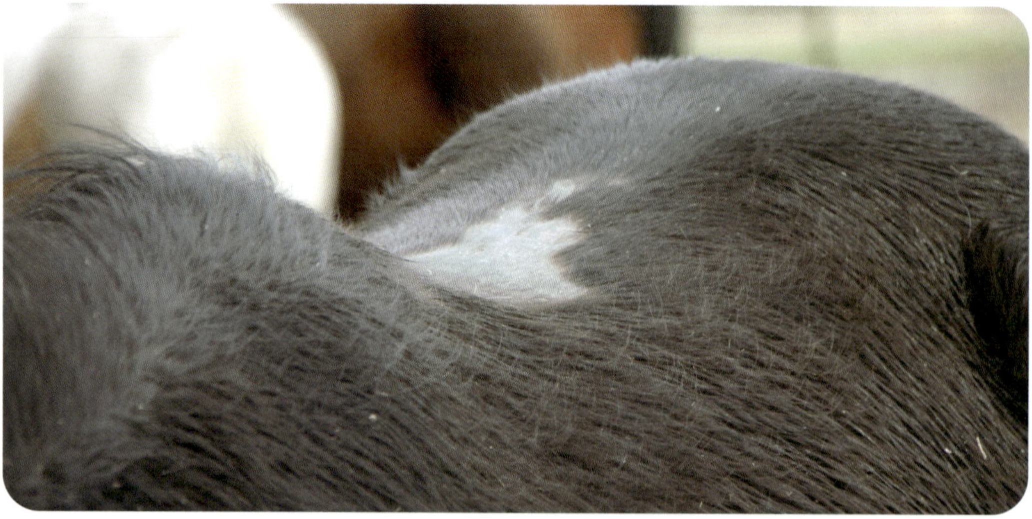

Pferd mit Pilzbefall auf dem Rücken. Der Pilz kann sich über den ganzen Körper ausbreiten, wenn nicht gründlich behandelt wird. (Foto: Claudia Jung)

- zur Vorbereitung und Nachsorge auf einem Turnier, indem das Aufwärmen und Abkühlen der Muskulatur unterstützt wird.

Massage dient der Unterstützung des Pferdes unter dem Sattel im Freizeitbereich ebenso wie bei hohen sportlichen Leistungen und verbessert die Lebensqualität älterer Pferde. Sie dient dem frühzeitigen Auffinden und der Vorbeugung von Problemen.

Die Massage ersetzt jedoch kein angepasstes, gut aufgebautes Training und auch keine im Einklang mit dem Pferd stehende Reitweise. Auch der Reiter sollte sich zwischendurch selbst einen Osteopathen gönnen. Denn wenn der Reiter auf dem Rücken des Pferdes schief sitzt, wird auch das Pferd früher oder später schief – ähnlich einem Schuh, der sich „auslatscht", wenn der Fuß zum Beispiel verstärkt auf der Außenkante belastet wird.

Bei schwerwiegenden Muskelproblemen des Pferdes sollte auf jeden Fall erst ein Tierarzt, Physiotherapeut, Osteopath oder Akupunkteur hinzugezogen werden, der die zugrunde liegenden Blockaden löst. Danach können Sie mit den nachstehend aufgezeigten Massagegriffen nacharbeiten und Ihrem Pferd helfen.

Wann darf nicht massiert werden?

Massage ist eine sehr schöne und sanfte Form, dem Pferd einige Wohlfühleinheiten zukommen zu lassen, und eine gute Maßnahme, um rechtzeitig kleine Verspannungen zu entdecken.

Es gibt jedoch einige Situationen, in denen Sie auf gar keinen Fall massieren dürfen, da die Situation des Pferdes verschlechtert oder aber schlimmstenfalls das Pferd geschädigt werden kann. Diese werden in der Fachsprache Kontraindikationen genannt.

Wenn Sie unsicher sind, ob in einem konkreten Fall eine Massage gut oder eher schlecht ist, fragen Sie den Tierarzt, und zwar lieber einmal zu viel als einmal zu wenig. Sie sind zwar zum Glück selten, doch es gibt Zustände, die zunächst harmlos wirken, sich später aber zu einem riesigen Problem entwickeln.

Bei folgenden Kontraindikationen darf nie massiert werden:

- **Fieber**
  Die Normaltemperatur eines erwachsenen Pferdes liegt zwischen 37,5 und 38,0 Grad Celsius, bei einem jüngeren Pferd sind Temperaturen bis 38,5 Grad Celsius noch im Normbereich.
  Bei Fieber laufen Blutzirkulation und Stoffwechsel des Körpers auf Hochtouren. Mit der Massage würde man die Blutzirkulation noch weiter anregen und unter Umständen das Herz überlasten.
- **Wunden**
  An Körperstellen mit offenen Wunden darf nicht massiert werden.
- **Hämatome**
  Wenn das Pferd aufgrund einer stumpfen Verletzung, zum Beispiel durch einen Biss oder Schlag, einen Bluterguss (Hämatom) hat, darf nicht massiert werden.
  Hämatome sind Einblutungen in das verletzte Gewebe, die man durch Massage noch verstärken würde. Sie zeigen sich in Form von starken, heißen Schwellungen.
- **Hautpilzerkrankungen**
  Lokal begrenzte Hautbereiche, die von Pilz befallen sind und die im Anfangsstadium eventuell noch leicht zu heilen wären, könnten sich durch eine Massage über das ganze Pferd ausbreiten.
- **Infektionskrankheiten**
  Hier läuft die Immunabwehr des Körpers auf Hochtouren.
  Eine Massage würde den Stoffwechsel noch weiter anregen und das System könnte überlastet werden.
- **Akute Entzündungen**
  Entzündungen äußern sich dadurch, dass das betroffene Areal geschwollen, heiß und schmerzhaft ist. Eine Rötung gehört auch noch zu den typischen Entzündungszeichen, ist aber unter dem Fell oft nicht zu erkennen. Eine Massage kann die Entzündung verschlimmern.
- **Trächtigkeit**
  Hier gibt es verschiedene Griffe, die auf keinen Fall angewendet werden dürfen, da sie die Wehen auslösen könnten. Lassen Sie sich vom betreuenden Tierarzt beraten.

Manche Pferde fordern an besonders behandlungsbedürftigen Stellen die Massage richtiggehend ein.

Wie wirkt Massage?

Die bereits erwähnten Wirkungen der Massage werden hier ergänzt und noch einmal als Checkliste zusammengefasst:

Massage

- entspannt die Muskulatur und sorgt dort für eine gute Durchblutung;
- gibt dem Pferdebesitzer eine Übersicht darüber, ob die muskuläre Struktur seines Pferdes in Ordnung ist;
- regt den Stoffwechsel an;
- verbessert die Sauerstoffversorgung des Gewebes;
- baut Stresshormone ab (sowohl beim Masseur als auch beim Patienten);
- wirkt unter Umständen kräftigend auf das Immunsystem;
- wirkt schmerzlindernd;
- bereitet das Pferd besser auf die Arbeit vor, wenn vor der Arbeit massiert wird, und verringert die Verletzungsgefahr bei der Arbeit;
- stärkt die Bindung zwischen Pferd und Besitzer.

Wie die einzelnen Griffe im Detail wirken, wird ab Seite 51 beschrieben. Genießt das Pferd die Massagen und beginnt der Körper die Wirkung zu verarbeiten, reagiert das Pferd oft mit Kauen oder Gähnen oder hält die Körperstellen hin, die angenehm sind.

Was ist bei der Massage zu beachten?

An erster Stelle gibt es einige Aspekte, die Sie zu Ihrer Sicherheit und zur Sicherheit Ihres Pferdes beachten sollten. Wenn Sie Ihr Pferd das erste Mal massieren, dann sollten Sie sich einen Platz aussuchen, der einigermaßen ruhig ist und an dem Ihr Pferd es gewohnt ist, ruhig zu stehen. Das ist nicht immer umsetzbar, Sie erleichtern es sich und Ihrem Pferd aber sehr, wenn nicht etliche Male die vierbeinigen Kumpel wiehernd vorbeilaufen, gerade die Futtertröge gefüllt werden oder ein ganzes Rudel Hunde die Stallgasse entlangtobt. Hunde und Katzen sollten Sie bei der Massage ohnehin aus Ihrer Umgebung entfernen. Sie müssen immer damit rechnen, dass Ihr Pferd unerwartet hektisch zur Seite tritt und Sie schnell ausweichen müssen. Hunde und Katzen haben oft die Angewohnheit, genau dann hinter dem Menschen zu stehen. Stolpern Sie über diese Tiere, kann das böse Unfälle zur Folge haben.

Massagen in der Box oder einem begrenzten Raum sind ebenfalls zu vermeiden, damit Sie nicht an die Wand gedrückt werden können. Außerdem ist festes Schuhwerk beim Massieren erforderlich, damit Ihre Füße nicht verletzt werden, sollte Ihr Pferd versehentlich den Huf darauf abstellen.

Zur Sicherheit Ihres Pferdes sollten Sie alle Ringe, Ketten und Uhren ablegen, da sonst das Pferd verletzt werden könnte, und auch für Sie selbst ist Schmuck beim Massieren unangenehm. Die Fingernägel sollten nicht zu lang sein.

Ganz wichtig ist, dass Sie Ihr Pferd erst einmal begrüßen und vorsichtig zeigen, was Sie vorhaben. Pferde, die noch nie massiert wurden, reagieren manchmal etwas verwundert auf ihre erste Massage. Manche Pferde benötigen nur eine Massage, um diese anzunehmen und sich zu entspannen, andere benötigen etwas länger. Das hängt davon ab, wie bewusst das Pferd seinen Körper wahrnimmt. Auch Menschen haben hier unterschiedliche Wahrnehmungen, je nachdem, wie geübt sie darin sind.

Die Zeit, die Ihr Pferd braucht, um sich zu entspannen, hängt allerdings auch davon ab, wie es Ihnen an diesem Tag geht. Pferde sind wahre Meister im Lesen von Körpersprache und sehen Ihnen schon von Weitem an, ob Sie gestresst und abgehetzt oder fröhlich und gut gelaunt sind. Sie sollten bei der Massage grundsätzlich eine positive Grundeinstellung haben. Leider können wir das manchmal nicht beeinflussen. Ist der Tag völlig aus dem Ruder gelaufen, dann joggen Sie vielleicht erst einmal um die Koppeln oder unterhalten sich ausgiebig mit anderen Pferdbesitzern und lassen den Frust heraus, bevor Sie zu Ihrem Pferd gehen.

Wichtig!
Achten Sie bei der Massage immer auf Ihr Pferd. Entspannt es sich und genießt es die Massage, ist alles in Ordnung. Wird es an bestimmten Stellen unwirsch oder zappelig, tritt oder schnappt, dann sollten Sie aufmerken, denn oft sind diese Bereiche empfindlich oder schmerzhaft. Pferde kommunizieren auf ihre Art mit uns; wir müssen lernen, sie zu verstehen. Dazu ist es erforderlich, dass man sich während der Massage auf sich und das Pferd konzentriert.

Sollte das Pferd sich zunächst nicht gern massieren lassen, kann das daran liegen, dass es ein bisschen Gewöhnung benötigt oder dass es bereits Schmerzen in bestimmten Muskelregionen hat.

Checkliste – Voraussetzungen für eine gelungene Massage

- Positive Grundeinstellung beim Massieren
- Ruhiger Platz zum Massieren
- Keine Katzen und Hunde während der Massage in unmittelbarer Nähe
- Genug Platz um Mensch und Pferd herum
- Festes Schuhwerk
- Keine Ringe, Ketten und Uhren
- Genügend kurze Fingernägel
- Warme Hände
- Begrüßung des Pferdes und vorsichtiger Beginn
- Beobachtung des Pferdes während der Massage: Was teilt es mit?
- Konzentriertes Arbeiten während der Massage

Fängt das Pferd an zu zappeln, variieren Sie den Druck des Massagegriffs, bis er für das Pferd angenehm ist. Im Bereich der Wirbel und Gelenke können nicht sichtbare Blockaden vorhanden sein; hier muss der Fachmann (Osteopath) tätig werden.

Ansonsten kann man zunächst mithilfe einer Wärmeanwendung (siehe auch Seite 34) versuchen, die schmerzhaften Bereiche etwas zu entspannen. Die Wärme fördert die Durchblutung und hilft, die Schmerzen zu beseitigen.
Apropos Wärme: Ihre Hände sollten natürlich auch warm sein. Eiskalte Hände auf dem Körper zu fühlen, die massieren wollen, ist weder für den Menschen noch für das Pferd angenehm. Um die Hände zu wärmen, können Sie Ihre Handflächen schnell aneinanderreiben.

Auf den Massagefotos in diesem Buch sieht man, dass die Hände vom Massieren schmutzig werden. Das ist normal – egal wie gut geputzt wird. Sind die Hände jedoch hinterher mit einer schmierigen grauen Schicht bedeckt, dann ist das unter Umständen ein Anlass dafür, sich einmal mit dem Tierarzt über den Stoffwechsel des Pferdes zu unterhalten. Massiert man alte Pferde, sehen die Hände meistens so aus, weil sich im Alter der Stoffwechsel verändert.

Die Wahrnehmung mit den Händen lässt sich schulen, wenn man ein wenig Geduld beim Üben mitbringt.

Die Hände lernen sehen

Während meiner Ausbildung zur Tierphysiotherapeutin war ich oft verzweifelt darüber, was ich alles noch nicht fühlen konnte. Eine befreundete Chirurgin erklärte mir dann einmal lächelnd: „Alles braucht seine Zeit, die Hände müssen erst sehen lernen." Etliche Jahre später und nach diversen Pferde-, Hunde- und Katzenbehandlungen weiß ich, wie sehr sie recht hatte.

Es gibt ein paar Übungen, mit denen man seinen Tastsinn trainieren kann:

- **Wahrnehmung mit der Fingerspitze:**
  Um zu erfahren, wie der Tastsinn funktioniert, kann man die Spitze seines Zeigefingers auf eine grobe Oberfläche legen und ihn dort ganz ruhig halten. Spätestens nach einer Minute vermögen die mit der Berührung zusammenhängenden Sinneszellen nicht mehr wahrzunehmen, wie die Oberfläche beschaffen ist. Man merkt sogar nur noch undeutlich, dass man überhaupt etwas berührt. Wird die Fingerspitze nun ein wenig bewegt, werden andere Sinneszellen gereizt, sodass man die Oberfläche des Gegenstandes wieder wahrnehmen kann.
- **Ein Haar ertasten:**
  Machen Sie die Augen zu und lassen von einer Hilfsperson ein Haar zwischen zwei Seiten eines Zeichenblocks legen. Nun fahren Sie mit dem Zeigefinger über die oberste Seite und versuchen, das Haar zu erfühlen. Halten Sie dabei die Augen geschlossen. Wenn Sie das Haar ertastet haben, machen Sie die Übung noch einmal und versuchen das Haar mit offenen Augen unter der Seite zu fühlen. Versuchen Sie wahrzunehmen, wie es sich mit offenen und wie es sich mit geschlossenen Augen anfühlt. In der Regel ist es mit geschlossen Augen einfacher, da die Konzentration automatisch in die Fingerspitze geht. Da es jedoch nicht ratsam ist, ein Pferd mit geschlossenen Augen zu behandeln, sollten Sie so lange üben, bis Sie das Haar mit offenen Augen unter der Seite ertastet haben. Nach und nach wird sich Ihr Gefühl verfeinern und Sie können das Haar unter immer mehr Seiten ertasten. Gute Therapeuten mit langjähriger Erfahrung schaffen es, ein dünnes Haar unter mindestens acht Seiten zu fühlen.

  Eine wichtige Erfahrung ist es, wenn Sie vor Ausführung dieser Übung Ihr Pferd vorsichtig abstreichen, dann die Übung – erst einmal mit einem Blatt Papier zwischen Haar und Ihrem Finger – machen und danach noch einmal Ihr Pferd abstreichen. Die Wahrnehmung könnte sich jetzt schon verändert haben.
- **Mit einem Partner üben:**
  Sehr lehrreich ist es, wenn man einen Menschen findet, an dem man die Massagegriffe üben kann und der auch Lust hat, die Massagegriffe bei Ihnen zu üben. Ihr menschliches Übungsobjekt kann Ihnen berichten, wie sich die Massage anfühlt und was Sie noch verbessern können. Werden Sie selbst massiert, erfahren Sie, wie es sich anfühlt, wenn mit unterschiedlichen Geschwindigkeiten und Druckstärken gearbeitet wird, was angenehm und was unangenehm ist. Hat man selbst einmal erlebt, wie sich eine unachtsam ausgeführte Massage anfühlt, kann man sein Pferd besser verstehen, wenn es bei einer halbherzigen Massage unruhig wird.

Massagegriffe im Überblick

Die wichtigsten theoretischen Grundlagen haben Sie kennengelernt – jetzt geht es an die praktische Arbeit! Die ersten Massagen sollten Sie in aller Ruhe und langsam, mit wenig Druck als Wellnessbehandlung für Ihr Pferd ausführen.

Werden die Massagegriffe oberflächlich ausgeführt, wirken sie entspannend auf den Muskel; in der Physiotherapie spricht man vom „Detonisieren" des Muskels. Werden die Massagegriffe in die Tiefe ausgeführt, also mit deutlichem Druck, dann wirken sie stärkend („tonisierend") auf den Muskel. Bleiben Sie zunächst bei den oberflächlichen Massagegriffen und üben Sie die tiefen Massagegriffe mit einem Tierphysiotherapeuten vor Ort.

Zum Warm-up vor dem sportlichen Einsatz müssen die Griffe sehr schnell ausgeführt werden, man muss sie also schon sicher beherrschen. Auch hierbei kann Ihnen ein erfahrener Tierphysiotherapeut Hilfestellung beim Üben geben.

Handstreichungen

Streichungen sehen auf den ersten Blick ein bisschen aus, als ob man sein Pferd streichelt. Es sind aber die wichtigsten Massagegriffe, und aufgrund ihrer sehr intensiven Wirkung werden sie immer durchgeführt.

- am Anfang einer Massage zur Vorbereitung, zur Förderung der Durchblutung in der Muskulatur und zur Anregung des Stoffwechsels;
- zur Überleitung von dem einen zum anderen Massagegriff als weicher Übergang, damit die Entspannung nicht gestört wird;
- am Ende einer Massage zum sanften Abschluss.

Außerdem werden Streichungen nach 20 bis 30 Sekunden bei jedem Massagegriff eingeschoben, um die durch die Massage freigesetzten, nicht mehr benötigten Stoffwechselprodukte in das Lymphsystem zu leiten, von wo aus sie dann abtransportiert, abgebaut oder ausgeschieden werden. Wundern Sie sich also nicht, wenn Ihr Pferd während oder direkt nach der Massage Harn absetzt. Das ist ein Zeichen, dass der Stoffwechsel Ihres Pferdes in Gang gekommen ist.

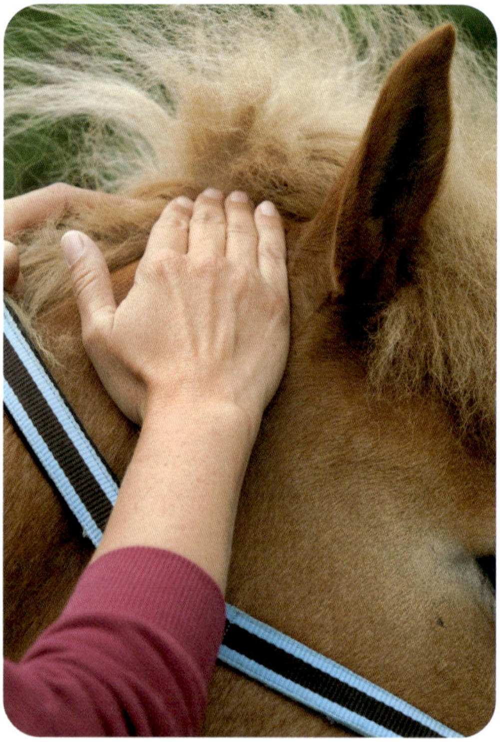

Der hintere schiefe Kopfmuskel fühlt sich elastisch an, wenn er nicht verspannt ist.

Wirkung der Handstreichungen auf einen Blick

- Die Durchblutung der Haut wird verbessert.
- Die Blutgefäße werden erweitert.
- Die behandelten Strukturen werden erwärmt.
- Das Pferd entspannt und beruhigt sich.
- Das Venen- und Lymphsystem wird entstaut.

Ausführung

Handstreichungen sind gleitende Bewegungen in Fellrichtung, die mit der gesamten Handinnenfläche ausgeführt werden. Sie können eine Hand verwenden und die andere irgendwo am Pferd auflegen oder mit beiden Händen gleichzeitig arbeiten. Wichtig ist, dass die Bewegungen rhythmisch und ruhig ausgeführt werden und immer eine Hand am Pferd bleibt. Sie beginnen zunächst mit wenig Druck und verstärken ihn dann vorsichtig.

Um den richtigen Druck zu finden, stellt man sich vor, dass sich unter der Haut des Pferdes eine dicke, zähe Flüssigkeit befindet, zum Beispiel

Streichungen am Kaumuskel: Bei Verspannungen fühlt sich dieser Muskel hart an und ist nicht mehr elastisch.

Streichungen am Rücken können helfen, vom Sattel verursachte Druckstellen oder Verspannungen in diesem Bereich schnell zu erkennen.

Öl, die man wegstreichen möchte. Genauso langsam und mit diesem Druck muss die Massage dann konstant durchgeführt werden.

Versuchen Sie während der Handstreichungen wahrzunehmen, was Ihre Finger fühlen. Wer fleißig übt, kann irgendwann unterscheiden, ob einige Bereiche wärmer sind als andere. Möglicherweise bahnen sich Entzündungen an, die man bereits im Vorfeld eindämmen kann.

Führen Sie die Handstreichungen beispielsweise am Kaumuskel (siehe Seite 27) oder im Genickbereich (siehe Seite 28) aus, können Probleme in diesen Bereichen frühzeitig erkannt werden.

Wird für diesen Massagegriff das Halfter aufgehakt, sollte der Karabiner des Riemens in den unteren Ring, der zur Befestigung des Führstricks dient, eingehakt werden. Hängt der Riemen frei herum und schüttelt das Pferd den Kopf, kann es passieren, dass der Karabiner dem Pferd ins Auge schlägt und böse Verletzungen verursacht.

Verspannungen im Kaumuskel fühlen sich an, als würden kleine Drähte durch diesen Muskel ziehen, der Muskel ist insgesamt sehr gespannt und nicht voluminös. Dies gilt auch für den Genickbereich. Der hintere schiefe Kopfmuskel wölbt sich, wenn er gut und richtig ausgebildet ist, unter der Haut hervor und fühlt sich elastisch an. Ist er verspannt, ist dieser Bereich bretthart und man hat das Gefühl, hier befinden sich keine Muskeln, sondern Knochen.

Nach den Streichungen am Kaumuskel und im Genickbereich arbeiten Sie sich systematisch vom Hals an weiter bis nach hinten durch, wobei die Streichungen immer dem Fellverlauf folgen.

Achten Sie darauf, dass der Druck nicht aus den Handgelenken kommt, sondern Sie sich leicht mit dem Körper in Richtung Pferd lehnen, also aus dem Körpergewicht heraus arbeiten, da Sie sonst Ihre Handgelenke überlasten.

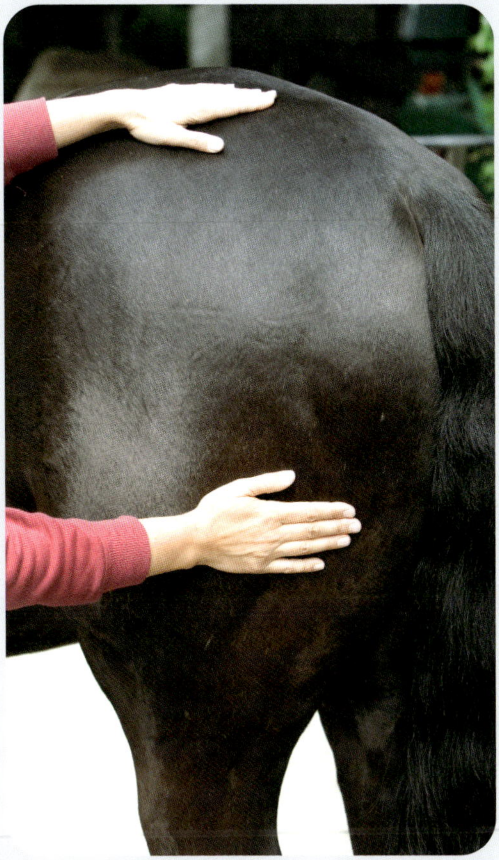

Auch bei den Streichungen an der Hinterhand folgen die Hände in langsam gleitender Bewegung dem Fellverlauf.

Verschiedene Anwendungen

Werden Handstreichungen langsam und mit wenig Druck ausgeführt, dienen sie der Entspannung und Beruhigung. Hat das Pferd ein schwach ausgeprägtes Körpergefühl und stößt deswegen häufig irgendwo an, führt man lange Streichungen aus, beginnend an den Ohren oder besser noch am Maul bis zum Schweifansatz. Durch lange, langsame Streichungen wird die „Verbindung" zwischen Hinterhand und Gehirn wiederhergestellt.

Vor einer sportlichen Leistung möchte man sein Pferd natürlich eher wach haben, mit einer gewissen Spannung im Körper und nicht völlig entspannt und beruhigt. Hier werden die Handstreichungen mit mehr Druck und schnell ausgeführt. Schnell heißt hier wirklich sehr schnell, das heißt, Sie arbeiten hier intensiv und zügig. Achten Sie aber darauf, dass Ihr Pferd nicht mit Unbehagen reagiert – dann sollten Sie Ihre Massagegriffe überprüfen.

Nach der sportlichen Leistung werden die Handstreichungen dann wieder langsam und mit wenig Druck ausgeübt, um dem Organismus zu signalisieren: „Die Arbeit ist vorbei, geh wieder in den Ruhezustand zurück." Ferner dient diese Massage danach auch der Kontrolle, dass das Pferd keine Schäden davongetragen hat.

Eine Sonderform: die Ohrmassage

Der französische Mediziner und Physiker Dr. Paul Nogier entdeckte 1951, dass sich im Ohr des Menschen viele Reflexzonen befinden. Inzwischen geht man davon aus, dass es entsprechende Verbindungen auch bei Pferden gibt.

Umfassen Sie vorsichtig das Ohr Ihres Pferdes. Der Daumen befindet sich auf der Innenseite des Ohrs, die anderen Finger auf der Außenseite. Stellen Sie sich vor, Sie hätten ein Blütenblatt zwischen den Fingern, das nicht kaputtgehen darf – so vorsichtig erfolgen die Streichungen. Streichen Sie nun mehrmals von der Ohrbasis bis zur Ohrspitze, jedes Mal über eine andere Stelle des Ohrs, bis Sie das gesamte Ohr ausgestrichen haben. Hierbei können Sie entweder nur eine Hand benutzen und die andere an einer dem Pferd angenehmen und für Sie gut erreichbaren Körperstelle ablegen oder Sie benutzen beide Hände im Wechsel. Außerdem sind immer beide Ohren nacheinander zu behandeln. Pferde, die sich nicht an den Ohren anfassen lassen, leiden unter Umständen an blockierten Schädelnähten. Solche Blockaden entstehen zum Beispiel, wenn sich das Pferd in das Halfter hängt. Abhilfe kann ein in der kraniosakralen Therapie ausgebildeter Therapeut schaffen.

Wirkung der Ohrmassage auf einen Blick

Schnelle Ausführung:
- Linderung von Schmerzen
- Hilfe bei Schock, insbesondere die Massage an der Ohrspitze

Langsame Ausführung:
- Psychischer Ausgleich
- Tiefe Entspannung

Werden Ohrstreichungen sofort nach einem Unfall beziehungsweise vor und nach einer Operation durchgeführt, unterstützen Sie die Stabilisierung des Kreislaufs.

Ich bin mir ziemlich sicher, dass Ohrstreichungen meinem Pferd bei einer sehr schweren Kolik das Leben gerettet haben. Wir mussten auf den Tierarzt warten, der schon über die Autobahn flog, aber trotzdem noch ein bisschen Zeit benötigte. Die Kolik hat sich von erst kaum wahrnehmbar auf richtig schlimm gesteigert. Meine Stute wollte nicht mehr laufen, knickte einfach mit den Beinen ein und ließ sich auf die Seite fallen. Die Schleimhäute waren mittlerweile extrem blass und sie machte keine Anstalten mehr, sich aus der Seitenlage herauszubewegen. Mir fiel die Ohrmassage ein und ich strich intensiv die Ohren immer und immer wieder aus. Sie richtete sich aus der Seitenlage immer wieder auf, ließ sich zwischendurch aber wieder fallen. Der Kreislauf ist bis zum Eintreffen des Tierarztes stabil geblieben, nach der ersten Notversorgung ist sie mit letzter Kraft aufgestanden, konnte dann weiterversorgt und für den Transport vorbereitet werden. In der Klinik ist dann eine Darmverlagerung diagnostiziert worden. Sie hat alles gut überstanden. Ich kann nur jedem ans Herz legen, diesen Griff vorher mit seinem Pferd zu üben und ihn sich für Notfälle zu merken.

Ohrstreichungen unterstützen und stabilisieren den Kreislauf nach einem Unfall oder einer Operation.

Handstreichungen – das Wichtigste in Kurzform

- Sie dienen der Entspannung, sofern sie ruhig und rhythmisch ausgeführt werden. Schnelle Bewegungen haben einen aufmunternden Effekt und können vor einer sportlichen Leistung eingesetzt werden, um die nötige Spannung in den Körper zu bekommen.
- Lange, langsam ausgeführte Handstreichungen vom Maul bis zum Schweifansatz verbessern das Körpergefühl.
- Soll sich das Pferd entspannen, achten Sie immer darauf, dass eine Hand am Pferd bleibt. Werden beide Hände vom Pferd weggenommen und irgendwo am Körper wieder aufgesetzt, ist das ein sehr unangenehmes Gefühl und stört die Entspannung.
- Variieren Sie den Druck so lange, bis das Pferd entspannt dasteht und die Augen schließt.
- Der Druck sollte nicht aus dem Handgelenk, sondern aus Ihrem Körpergewicht kommen.

Gelenk- und Beinmassage

Gelenk- und Beinmassagen (im Folgenden der Einfachheit halber nur Gelenkmassagen genannt) können vor der Arbeit eingesetzt werden und bereiten die Gliedmaßen und die Gelenke auf die bevorstehende Arbeit vor, ersetzen jedoch nicht die Aufwärmphase beim Reiten. An kalten und regnerischen Tagen sind die Gelenke je nach Alter und Zustand des Pferdes zu Beginn der Arbeit in ihrer Beweglichkeit etwas eingeschränkt. Hier schafft die Gelenkmassage vor der Arbeit bereits etwas Abhilfe. Nach der Arbeit entspannt die Massage und ermöglicht eine Kontrolle der Gliedmaßen auf mögliche Schäden, zum Beispiel an den Sehnen.

Sind bereits Veränderungen der Gelenke (Arthrosen) vorhanden, wirken Gelenkmassagen schmerzlindernd. Das kann man in etwa mit folgender Situation vergleichen: Wenn wir uns mit dem Unterarm an der Türklinke stoßen, reiben wir mit der anderen Hand automatisch über den Unterarm, den wir uns gestoßen haben. Mit dem Reiben über den Unterarm setzen wir praktisch einen neuen Reiz über den Schmerzreiz. Dieser neue Reiz blockiert die Weiterleitung des Schmerzreizes zum Gehirn und damit nehmen wir in diesem Moment keinen Schmerz wahr. Bei einem Pferd mit einer Arthrose kommt der Schmerz natürlich wieder, aber erst einmal wird die Gelenkmassage vom Pferd als sehr wohltuend empfunden.

Wirkung der Gelenkmassage auf einen Blick

- Verbesserung der Durchblutung an den Gliedmaßen
- Schmerzlinderung in den Gelenken
- Meiner Erfahrung nach Förderung des Abflusses von gestauter Lymphflüssigkeit

Ausführung

Umfahren Sie als Übung mit Ihrer Hand Ihr eigenes Knie. Sie werden sehen, wie angenehm warm der Bereich wird. Wenn Sie den Rhythmus gefunden haben, der Ihnen angenehm ist, übertragen Sie ihn auf das Pferd.

An Gelenken und Knochenvorsprüngen wird kein Druck ausgeübt. Sie werden rhythmisch, langsam und ganz vorsichtig mit der ganzen Hand oder den Fingern – je nach Umfang des Gelenks und Vorliebe des Pferdes – umfahren. Benutzen Sie die ganze Hand, ist der Griff weicher; werden nur die Finger benutzt, ist der Griff etwas härter. Auch das können Sie zunächst an Ihrem eigenen Knie ausprobieren.

Gelenkmassagen beginnen sowohl an der Vorder- als auch an der Hintergliedmaße jeweils kurz unterhalb des Rumpfes. Sie arbeiten sich dann von Gelenk zu Gelenk hufwärts vor, zwischendurch führen Sie Ausstreichungen immer zum Rumpf hin aus. Dabei schmiegen sich beide Hände um die Gliedmaße herum und umfahren diese ohne Druck von unten nach oben. Genauso verfährt man auch, wenn man am Gelenk angekommen ist. Die Richtung von unten nach oben ist wichtig, damit die Lymphe nicht nach unten gestaut wird und einen „Elefantenfuß“ verursacht.

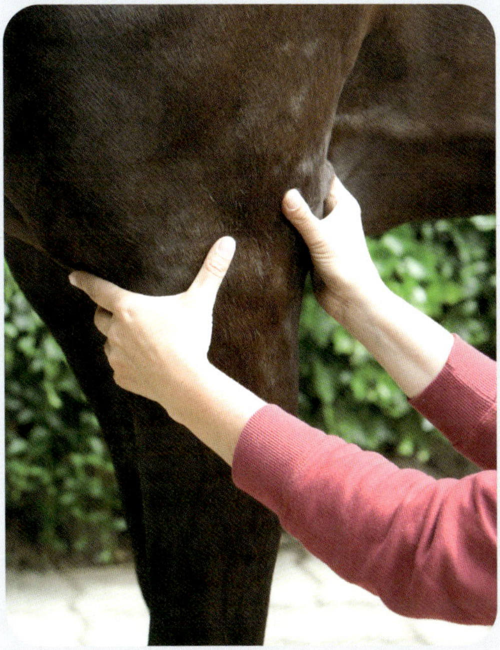

Massage am Ellenbogengelenk.

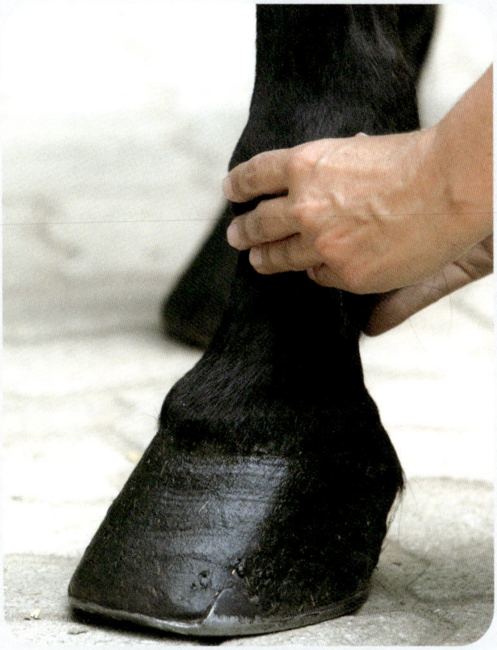

Massage am Fesselgelenk.

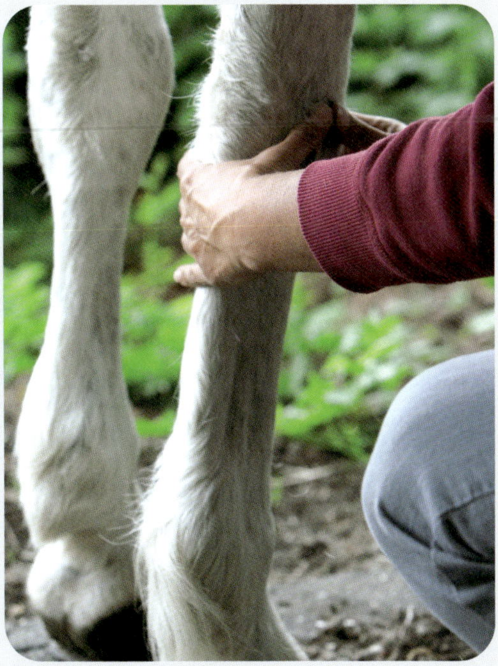

Massage am Karpalgelenk.

Massage am Sprunggelenk.

Gelenk- und Beinmassage – das Wichtigste in Kurzform

- Achtung, wenn Sie in eine hockende Position gehen. Unter Umständen können Sie nicht schnell genug ausweichen, wenn Ihr Pferd zur Seite tritt. Behalten Sie das Pferd und die Umgebung im Auge und achten Sie auf die eigene Sicherheit. Verzichten Sie auf das Hinhocken, wenn Ihr Pferd sehr unruhig, schreckhaft oder nervös ist.
- An Gelenken und Knochenvorsprüngen wird nie mit Druck gearbeitet.
- Man beginnt rumpfwärts an der Gliedmaße, arbeitet sich hufwärts vor, mit Ausstreichrichtung immer zum Rumpf hin, damit die Lymphe nicht im Huf gestaut wird.

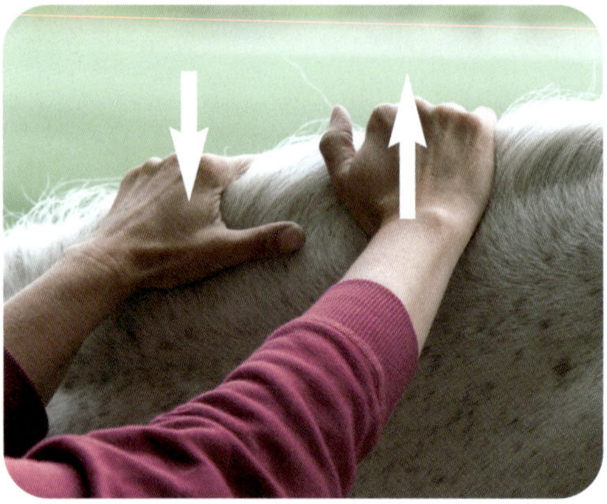

Bei den Mähnenkammknetungen wird der Mähnenkamm zwischen den Fingern der einen Hand und dem Handballen der anderen Hand s-förmig verwrungen.

Mähnenkammknetung

Die Mähnenkammknetung ist ein wichtiger Massagegriff am Pferd. Einige Pferde haben einen sehr festen Mähnenkamm, der sich kaum hin und her bewegen lässt. Hier kann man davon ausgehen, dass auch der Lymphabfluss in diesem Bereich gestört ist. Durch die Mähnenkammknetung wird der Lymphabfluss im oberen Halsbereich angeregt.

Ausführung

Sie legen beide Hände so über den Mähnenkamm, dass auf der einen Seite Zeigefinger bis kleiner Finger liegen und auf der anderen Seite die Daumen und Handballen. Nun bewegen Sie die vier Finger der linken Hand zu Ihnen hin und den Daumen und Handballen der rechten Hand von Ihnen weg, dann genau umgekehrt. Dadurch entsteht eine Schlängelbewegung am Mähnenkamm, sodass dieser durchgeknetet wird. Man beginnt eine Handbreit hinter den Ohren mit leichten Knetungen, da hier nicht viel Bewegung möglich ist, und arbeitet sich dann mit etwas stärkeren Knetungen den gesamten Mähnenkamm entlang.

Wirkung der Mähnenkammknetung auf einen Blick

- Anregung des Lymphflusses im Bereich der Nackenplatte.
- Lockerung des Mähnenkammes und damit Unterstützung der Arbeit des Nackenbandes.

Mähnenkammknetung – das Wichtigste in Kurzform

- Wenn das Pferd hinter den Ohren zunächst keine Mähnenkammknetungen akzeptiert, fangen Sie tiefer am Mähnenkamm an. Tasten Sie sich langsam Stück für Stück in Richtung Genick vor.
- Akzeptiert das Pferd die Mähnenkammknetungen auch nach sorgfältiger Gewöhnung nicht hinter den Ohren, können Blockaden im Genick oder im Kopfbereich die Ursache sein. Hier sollten Sie einen Therapeuten holen, der sich mit der kraniosakralen Therapie auskennt und die Blockaden beseitigt.

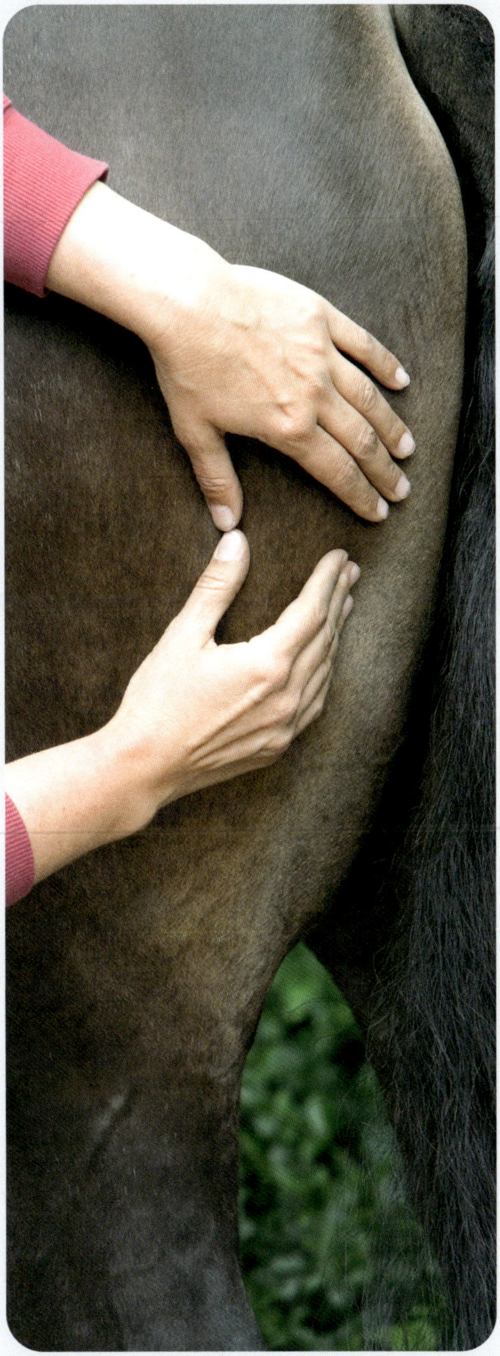

Knetungen am halbsehnigen Muskel halten diesen locker und elastisch.

Zweihandknetung

Zweihandknetungen werden ähnlich ausgeführt wie Mähnenkammknetungen, nur dass hier gezielt ein Muskel umschlossen wird. Geeignet sind hierzu Muskeln, die sich mit der Hand umfassen lassen, zum Beispiel der halbsehnige Muskel an der Hinterhand. Auch am Arm-Kopf-Muskel oder am Dreiköpfigen Oberarmmuskel ist die Zweihandknetung möglich. Wichtig: Zweihandknetungen nur an lockerer Muskulatur ausführen, da sie sonst sehr schmerzhaft sind. Gerade beim Arm-Kopf-Muskel sind Streichungen und Schüttelungen als Vorbereitung auf diesen Massagegriff angebracht, damit er für das Pferd angenehm ist.

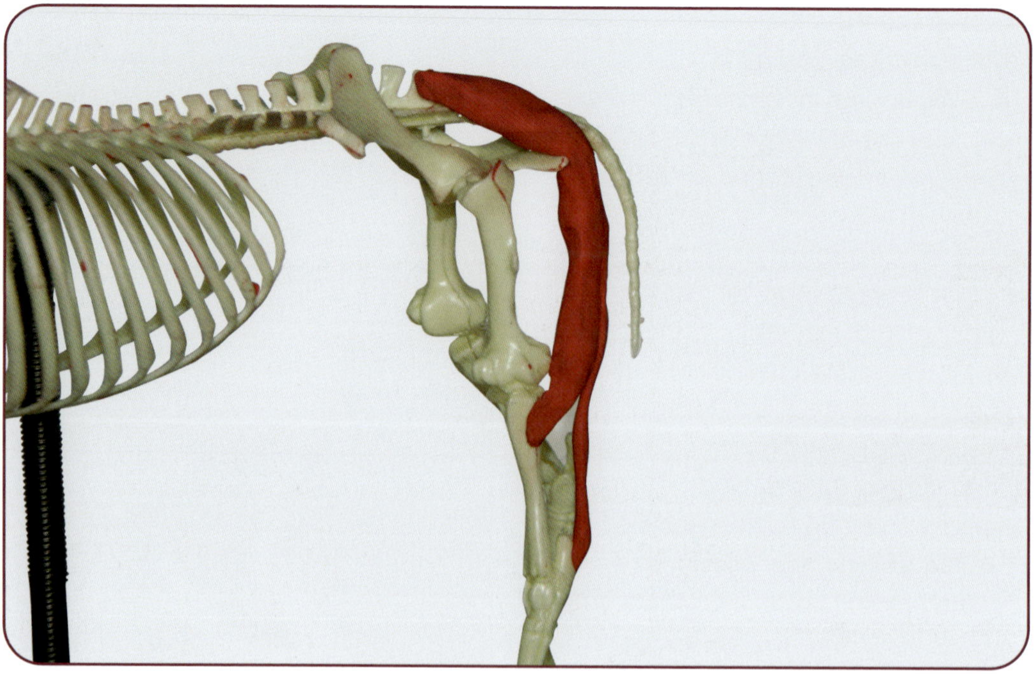

Halbsehniger Muskel (Musculus semitendinosus): Befindet sich das Hinterbein auf dem Boden, streckt dieser Muskel das Hüft-, Knie- und Sprunggelenk. Er muss sich gut dehnen lassen, damit das Hinterbein unter den Körperschwerpunkt treten kann. (Foto: Claudia Jung)

Wirkungen der Zweihandknetung

- Der bearbeitete Muskel wird gekräftigt.
- Die Durchblutung wird gefördert.

Ausführung

Umfassen Sie den gewählten Muskel mit beiden Händen flächig. Das bedeutet, dass Sie nicht zukneifen, sondern die Hände so auf den Muskel legen, dass er in der Mitte Ihrer Handfläche verläuft und sich leicht umschließen lässt. Dann verschieben Sie den Muskel s-förmig. Bewegen Sie

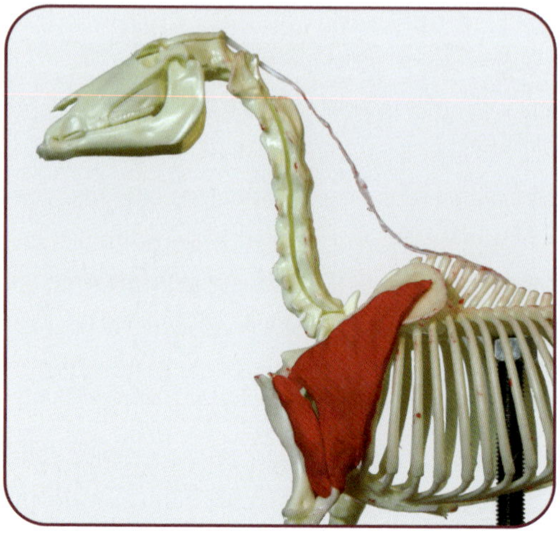

Der dreiköpfige Oberarmmuskel streckt und fixiert das Ellenbogengelenk. Er lässt sich mit der Zweihandknetung gut behandeln. (Foto: Claudia Jung)

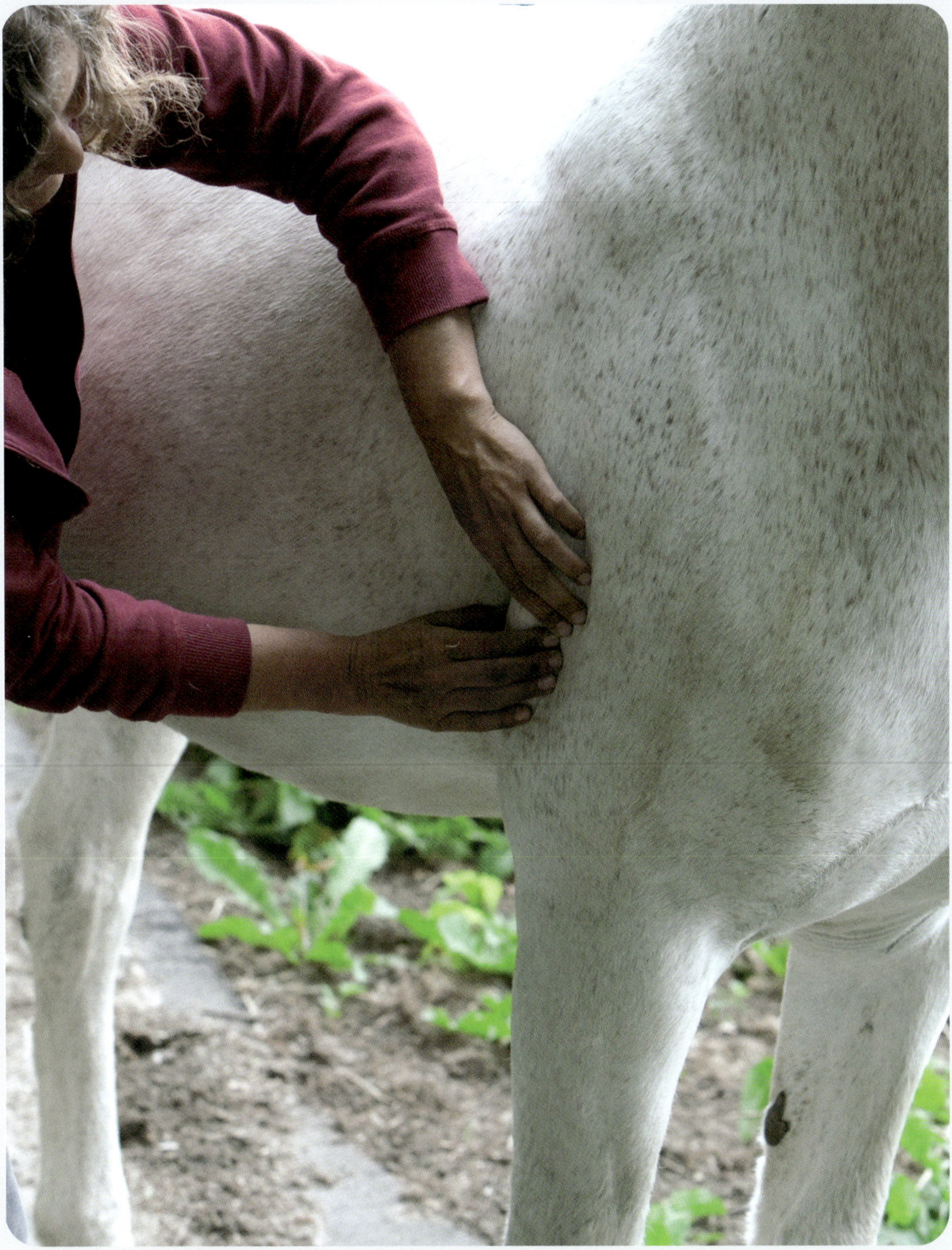

Knetungen am Dreiköpfigen Oberarmmuskel sind besonders empfehlenswert nach einem sportlichen Einsatz des Pferdes, da Schlackenstoffe aus dem Muskel herausgepresst werden.

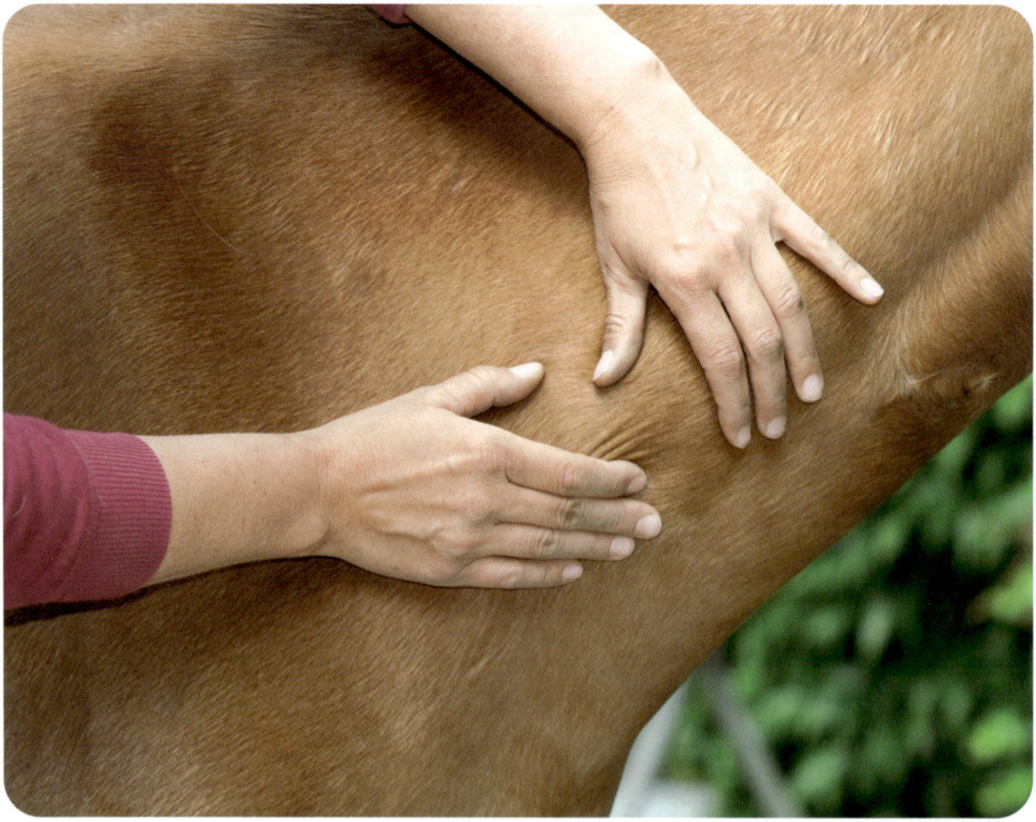

Knetungen am Arm-Kopf-Muskel sollten nur an lockerer Muskulatur ausgeführt werden, da sie sonst sehr schmerzhaft sind und das Pferd ausweicht.

Zweihandknetung – das Wichtigste in Kurzform

- Diesen Massagegriff nur an lockerer Muskulatur ausführen, da seine Ausführung am verspannten Muskel sehr schmerzhaft ist.
- Vorbereitende Massagegriffe, wie zum Beispiel Streichungen oder Schüttelungen, durchführen.

hierzu die Finger der linken Hand in Ihre Richtung und drücken nun gleichzeitig den Handballen der rechten Hand in die andere Richtung, dann die Finger der rechten Hand in Ihre Richtung und den Handballen der linken Hand wegdrücken. So entsteht eine schlangenförmige Bewegung im Muskel. Man kann diesen Griff mit anliegendem oder abgespreiztem Daumen ausführen.

Drückungen

Drückungen wirken ähnlich wie Knetungen und können mit dem Handballen oder mit der lockeren Faust ausgeführt werden. Entlang des Mähnenkamms eignen sich am besten Drückungen mit dem Handballen, während Drückungen mit der lockeren Faust am besten am Dreiköpfigen Oberarmmuskel (siehe Seite 62) ausgeführt werden.

Führt man Drückungen locker aus, haben sie eine dämpfende Wirkung auf das Zentralnervensystem und wirken damit beruhigend auf das Pferd. Möchte man eine ableitende Wirkung für die Muskulatur erzielen, das heißt den Abtransport von Schlackenstoffen aus dem Muskel anregen, werden die Drückungen etwas fester ausgeführt. Es ist darauf zu achten, dass der Druck für das Pferd immer noch in einem angenehmen Bereich ist. Das Pferd darf nicht den Kopf hochreißen oder unruhig zur Seite treten. Auch hier gilt wieder der Grundsatz: Achten Sie darauf, was Ihnen Ihr Pferd sagt. Bei den ableitenden Drückungen erreicht man eine Entleerung der Blut- und Lymphgefäße, sodass neues, sauerstoffreiches Blut nachfließen kann. Dieser Griff ist gut nach einer sportlichen Anstrengung geeignet, um einen eventuellen Muskelkater am nächsten Tag zu vermeiden.

Mähnenkammdrückungen mit dem Handballen.

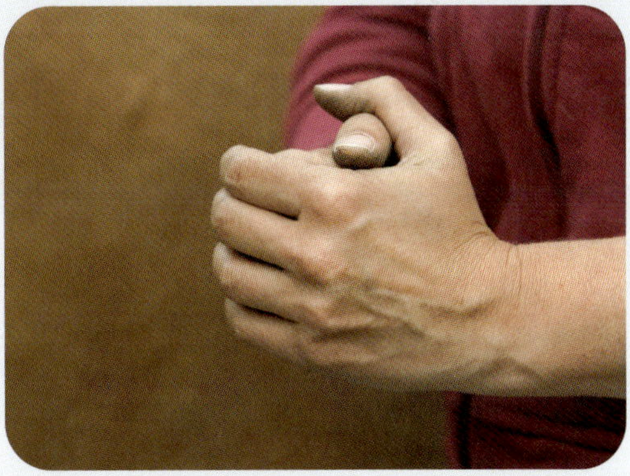

Handhaltung bei den Drückungen mit einer lockeren Faust. Eine Hand wird locker zur Faust geschlossen und die andere Hand umschließt diese Faust.

Wirkung der Drückungen auf einen Blick

- Beruhigende Wirkung durch lockere Drückungen.
- Ableitende Wirkung durch etwas festere Drückungen, aber immer im Bereich der Akzeptanz des Pferdes.

Ausführung

Für die Drückungen mit dem Handballen legt man den Handballen auf den zu drückenden Muskel und baut langsam, für circa eine bis zwei Sekunden, Druck auf, je nach Reaktion des

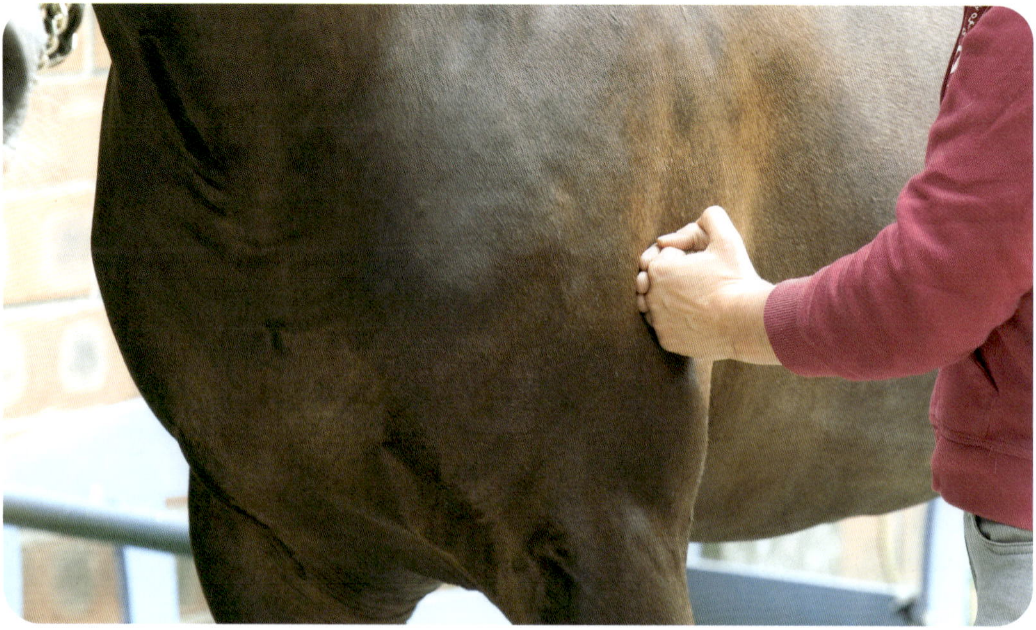

Drückungen im Bereich des Dreiköpfigen Oberarmmuskels. Der Muskel wird mit der lockeren Faust mit den flachen Fingergliedern, nie mit den Fingerknöcheln, gedrückt.

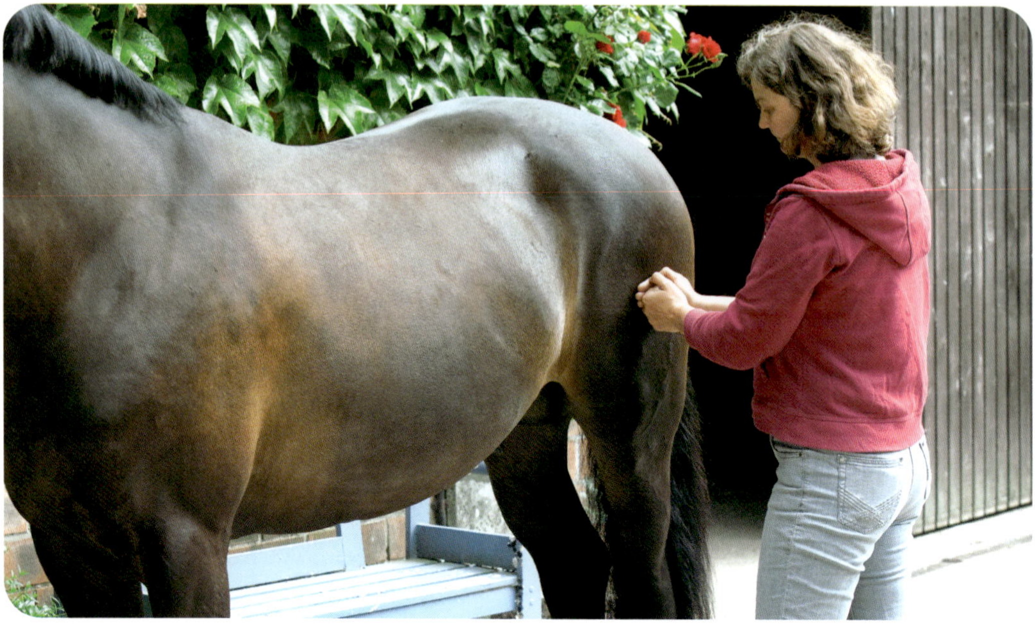

Auch bei Drückungen im Bereich des Spanners der Schenkelfaszie muss darauf geachtet werden, dass nur im Bereich der Muskulatur und nicht auf knöchernen Strukturen gearbeitet wird.

Pferdes: Wird es unruhig, ist der Druck zu stark. Dann lösen und zur nächsten Stelle am Muskel wandern. Die andere Hand liegt entweder locker am Pferd oder man führt die Drückungen mit beiden Händen aus. Im Bereich des Mähnenkamms legt man den Handballen auf den Mähnenkamm etwa eine Handbreit hinter den Ohren. Dann beginnt man, mit dem Handballen den Mähnenkamm zu drücken, und arbeitet sich nach und nach schweifwärts vor.

Für Drückungen mit der lockeren Faust schließen Sie eine Hand locker zur Faust und umschließen diese Faust locker mit der anderen Hand.

Im Bereich des Dreiköpfigen Oberarmmuskels drücken Sie die Faust mit der flachen Seite der Fingerglieder, nicht mit den Fingerknöcheln, entlang des gesamten Muskels. Es ist darauf zu achten, dass nur der Muskel bearbeitet wird und keine knöchernen Strukturen.

Drückungen – das Wichtigste in Kurzform

- Nie mit den Fingerknöcheln drücken, sondern mit der flachen Seite der Fingerglieder.
- Nicht zu viel Druck aufbauen, der Druck muss dem Pferd immer angenehm sein.
- Nur im Bereich der Muskeln drücken, nicht auf knöchernen Strukturen.

Zirkelungen

Bei den Zirkelungen handelt es sich um kreisende Bewegungen. Dieser Griff wird hauptsächlich im Rückenbereich des langen Rücken-, Hals- und Kopfmuskels (siehe Seite 30) und auf dem mittleren Kruppenmuskel (siehe Seite 33) ausgeführt. Achten Sie darauf, dass Sie mit einer Hand arbeiten und die andere locker am Pferd ablegen, sodass immer eine Hand am Pferd aufliegt.

Wirkung der Zirkelungen auf einen Blick

- Förderung der Durchblutung der Muskulatur.
- Gewebeverklebungen und -vernarbungen werden aufgelockert.
- Der behandelte Muskel wird gekräftigt.
- Mit wenig Druck ausgeführt, wirken Zirkelungen über die Nerven beruhigend auf das Tier und bauen Stress ab.

Ausführung

Man unterscheidet hier zwei Griffarten: die Fingerzirkelungen und die Handballenzirkelungen.

Fingerzirkelungen werden mit den Fingerkuppen von Zeige-, Mittel- und Ringfinger und – wenn möglich – dem kleinen Finger ausgeführt, die Finger sind leicht gewölbt und

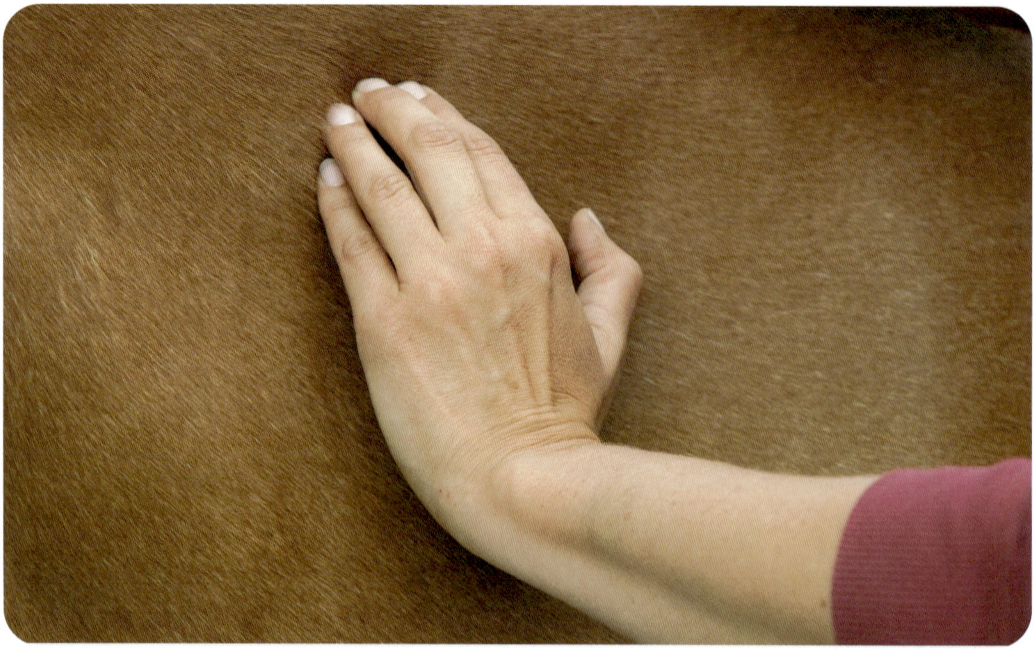

Handhaltung bei der Fingerzirkelung.

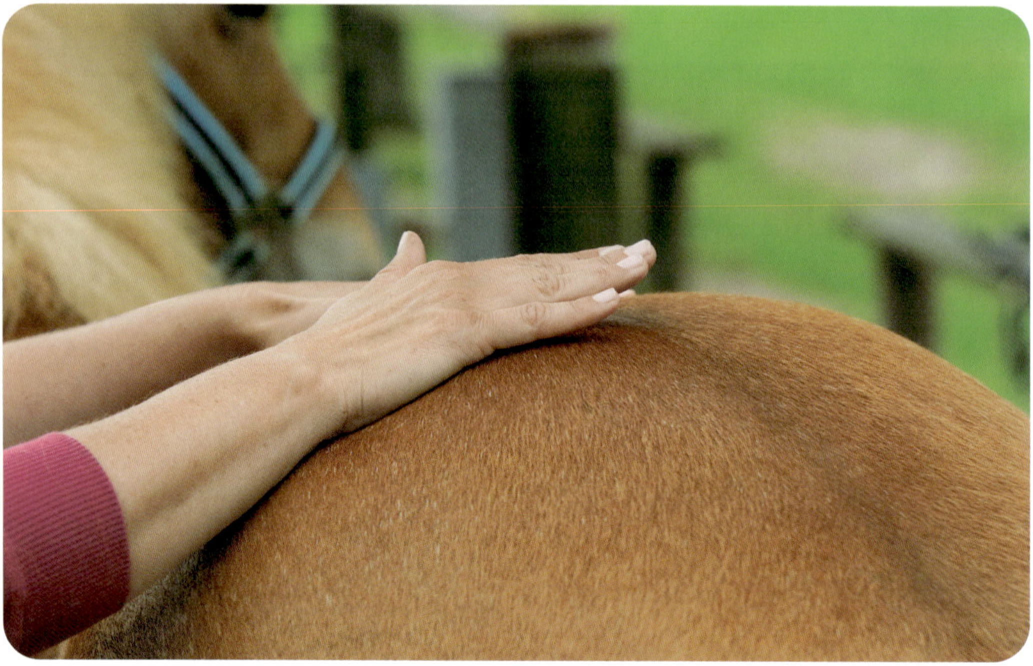

Ausführung der Handballenzirkelung.

der Handballen liegt locker auf dem Fell auf. Handballenzirkelungen werden mit dem Handballen ausgeführt.

Bei beiden Griffen wird wie folgt verfahren: Stellen Sie sich das Ziffernblatt einer Uhr vor. Sie fangen die Zirkelungen bei der Ziffer 6 an, verschieben die Haut so weit wie möglich Richtung Ziffer 9 und bewegen sich weiter im Uhrzeigersinn, wobei der Druck ganz langsam und vorsichtig gesteigert wird, bis Sie wieder bei der Ziffer 6 ankommen. Dann schleichen Sie die Zirkelungen bis zur Ziffer 9 langsam wieder aus und rutschen an eine neue Stelle, eng neben dem eben vollzogenen Zirkel. Achten Sie darauf, dass Sie nicht über die Haut rutschen, sondern diese verschieben. Der Radius des Zirkels richtet sich nach der Verschiebbarkeit der Haut in diesem Bereich.

Der Druck darf nicht stärker sein, als das Pferd es zulässt. Fängt es an, unruhig zu werden, zu schnappen oder zur Seite zu treten, üben Sie zu viel Druck aus. Wichtig ist, dass Sie nicht mehrmals auf der gleichen Stelle zirkeln, das ist schmerzhaft für das Pferd und kann zu Gewebeschädigungen führen.

Zirkelungen – das Wichtigste in Kurzform

- Eine Hand bleibt immer am Pferd.
- Es wird immer 1 ¼ Zirkel vollzogen, dann eine neue Stelle neben dem vorher gezogenen Zirkel aufgesucht. Niemals auf einer Stelle mehrmals massieren, da dies zu Schmerzen und Gewebeschädigungen führen kann.
- Nicht über die Haut rutschen, sondern die Haut verschieben.
- Nie mit zu viel Druck arbeiten – achten Sie immer darauf, ob das Pferd den Druck noch akzeptiert.

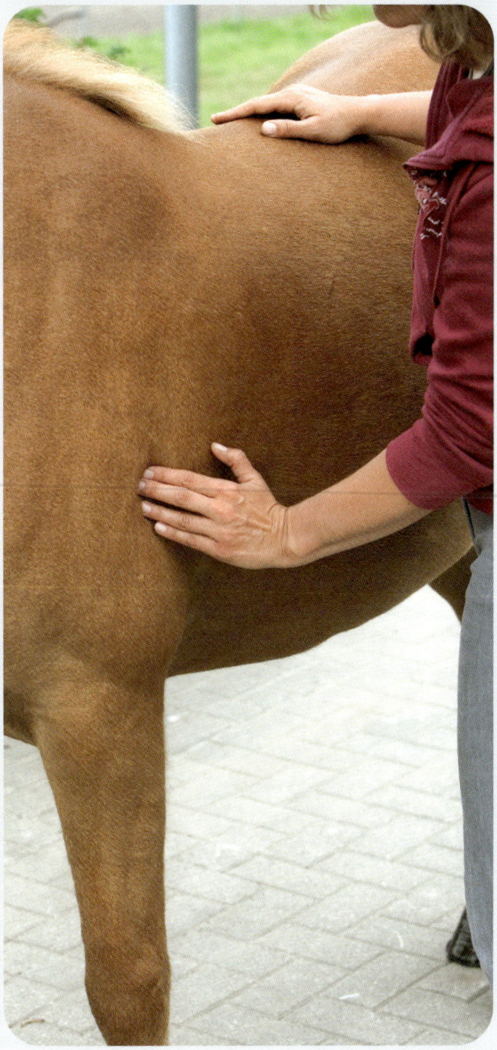

Fingerzirkelungen am Dreiköpfigen Oberarmmuskel.

Ausführung der Handballenzirkelungen an der Kruppe.

Ausführung der Fingerzirkelungen am Rücken.

Üben Sie die Fingerzirkelung auf der Oberseite Ihres Unterarms und die Handballenzirkelungen auf der Oberseite Ihres Oberschenkels.

Reibungen

Reibungen eignen sich gut, um die Durchblutung in der Rückenmuskulatur, insbesondere des Rückenteils des langen Rücken-, Hals- und Kopfmuskels (siehe Seite 30) zu fördern. Mit diesem Massagegriff kann jedoch auch die gesamte Oberlinie bearbeitet werden. Hierzu fängt man im Genick an und arbeitet sich über den Mähnenkamm, den Rücken und die Kruppe bis zur Hinterhand vor.

Wichtig ist, dass niemals auf Knochen und auf der Wirbelsäule entlang gerieben wird, sondern immer neben der Wirbelsäule.

Geeignet sind Reibungen zum Beispiel auch im Winter im Bereich der Sattellage. Hier wird die Haut vorgewärmt und gut durchblutet, bevor der Sattel aufgelegt wird. Das ist für das Pferd wesentlich angenehmer, insbesondere dann, wenn es nicht aus der Box kommt, sondern von der Koppel oder dem Offenstall und das Gewebe im Sattelbereich kalt ist.

Wirkung der Reibungen auf einen Blick

- Durchblutung der Haut
- Durchblutung der Muskulatur
- Erwärmung des Gewebes

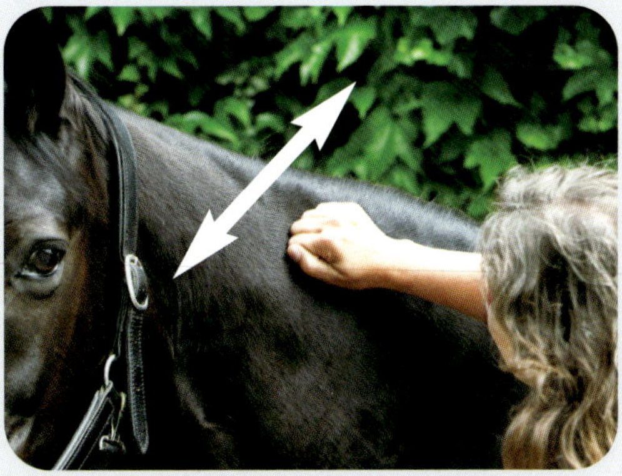

Ausführung der Reibungen am Hals.

Ausführung der Reibungen am Rücken: Die Reibungen im Rückenbereich sind ganz besonders im Winter zu empfehlen, bevor der Sattel aufgelegt wird.

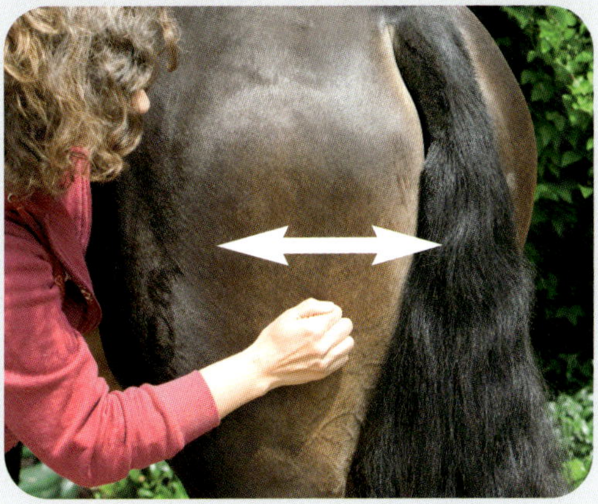

Ausführung der Reibungen an der Hinterhand.

Die Wirkung dieses Massagegriffs kann man an sich selbst ausprobieren, indem man die Reibungen in der Nierenpartie durchführt. Reiben Sie einige Male über Ihre Nierengegend. Sie werden merken, wie schön warm sich der Bereich danach anfühlt.

Ausführung

Machen Sie eine lockere Faust. Mit den geraden Flächen des zweiten (mittleren) Fingergliedes wird circa zehn Zentimeter mit leichtem Druck von oben nach unten und wieder zurück gerieben, und zwar so schnell, dass Ihre Finger durch die Reibungswärme warm werden. Am Hals reibt man also vom Mähnenkamm zehn Zentimeter in Richtung Halsunterseite und wieder zurück, den ganzen Mähnenkamm entlang. Am Rücken sieht der Griff so aus, dass Sie neben der Wirbelsäule anfangen und circa zehn Zentimeter in Richtung Bauch reiben, dann wieder zurück, den ganzen Rücken entlang.

Reibungen – das Wichtigste in Kurzform

- Reibungen nie auf Knochen oder der Wirbelsäule durchführen.
- Zur Ausführung der Reibungen nie die Fingerknöchel benutzen, sondern immer die glatte Fläche des mittleren Fingergliedes.
- Nur leichten Druck ausüben, der Effekt entsteht durch die Reibungswärme.

Harkengriff

Pferde, die oft husten, neigen zu Verspannungen der Muskulatur zwischen den Rippen (Musculi intercostales). Da diese Muskulatur die Ein- und Ausatmung unterstützt und jeweils zwischen zwei Rippen aufgespannt ist, wird die Atmung des Pferdes behindert, wenn diese Muskulatur verspannt ist. Der Rippenbogen kann sich dann nicht mehr entsprechend weiten. Auch Pferde, die in Stresssituationen die Luft anhalten, verspannen gern diese Muskulatur und können dann nicht mehr tief durchatmen. Hier schafft dieser Griff Abhilfe. Bei allen anderen Pferden dient er der Prophylaxe, damit hier erst gar keine Verspannungen entstehen. Oft fangen die Pferde bei diesem Massagegriff an, abzuschnauben, da sie plötzlich tiefer atmen können.

Wirkung des Harkengriffs auf einen Blick

- Die Durchblutung der Haut wird gefördert.
- Die Durchblutung der Zwischenrippenmuskulatur wird gefördert.
- Bei Pferden, die husten oder in Stresssituationen die Luft anhalten, lockert der Harkengriff die Zwischenrippenmuskulatur, die Pferde können wieder besser durchatmen.

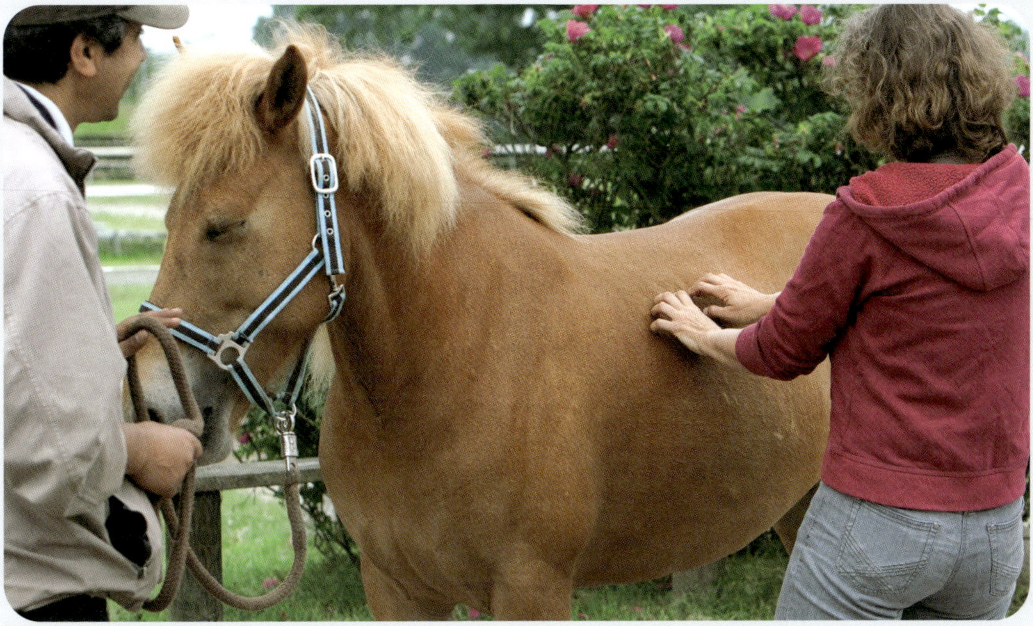

Ausführung des Harkengriffs bei der Zwischenrippenmuskulatur. Es wird mit beiden Händen eine Kralle gebildet und damit die Zwischenrippenmuskulatur ausgestrichen.

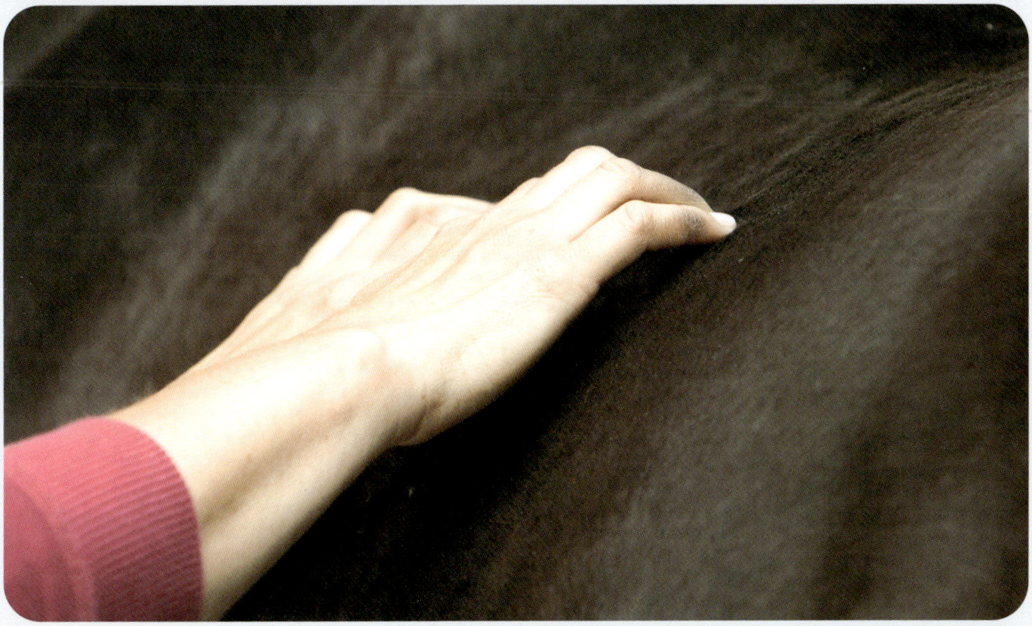

Handhaltung für den Harkengriff.

Ausführung

Bilden Sie mit beiden Händen jeweils eine Kralle und ziehen die Finger am Zwischenrippenraum entlang. Bei Pferden, die nicht zu dick sind, rutscht man automatisch in den Zwischenrippenraum. Der Druck darf nur gering und so sein, dass es dem Pferd noch angenehm ist. Bei extrem verspannter Zwischenrippenmuskulatur ist das eher ein Darübergleiten als ein wirkliches Ausüben von Druck. Bei diesem Massagegriff dürfen Sie ausnahmsweise, wenn Sie am unteren Rand des Rippenbogens angekommen sind, beide Hände vom Pferd wegnehmen und oben, also kurz unterhalb des langen Rücken-, Hals- und Kopfmuskels, wieder neu beginnen. So wird der gesamte Zwischenrippenraum auf beiden Körperseiten bearbeitet.

Harkengriff – das Wichtigste in Kurzform

- Vorsicht, wenn der Griff das erste Mal ausgeführt wird: Manche Pferde sind hier kitzelig oder extrem empfindlich und versuchen zu schnappen. Bereiten Sie das Pferd über Streichungen gut vor. Beginnen Sie dann vorsichtig mit dem Harkengriff.
- Bei sehr nervösen oder ängstlichen Pferden können die Zwischenrippenmuskeln extrem fest sein. Hier muss sehr vorsichtig gearbeitet werden.

Hobelgriff

Der Hobelgriff eignet sich zur Anregung der Durchblutung der Rückenmuskulatur, besonders für den Rückenteil des langen Rücken-, Hals- und Kopfmuskels (siehe Seite 30) und zur Förderung der Durchblutung der Sitzbeinmuskulatur. Nach Anwendung des Hobelgriffs an der Sitzbeinmuskulatur fällt es den Pferden leichter, das Becken abzukippen, und ein Pferd mit Arthrose im Sprunggelenk kann die Gliedmaße leichter anheben.

Wirkung des Hobelgriffs auf einen Blick

- Förderung der Durchblutung
- Lockerung der Muskulatur
- Verbesserung der Beweglichkeit

Ausführung

Der Hobelgriff ist dem Harkengriff ähnlich, nur dass man mit den Fingern keine Zinken bildet, sondern eine Faust. Außerdem arbeitet man wie bei den Reibungen mit den geraden Flächen des zweiten (mittleren) Fingergliedes. Am Rücken beginnen Sie kurz hinter dem Schulterblatt und enden kurz vor dem Hüfthöcker, sodass Sie den gesamten langen Rücken-, Hals- und Kopfmuskel (siehe Seite 30) bearbeiten.

An der Sitzbeinmuskulatur fangen Sie mit einer Hand kurz unterhalb des Sitzbeins an und ziehen nun die Hand Richtung Sprunggelenk. Wenn Sie die Hälfte der Strecke mit der einen

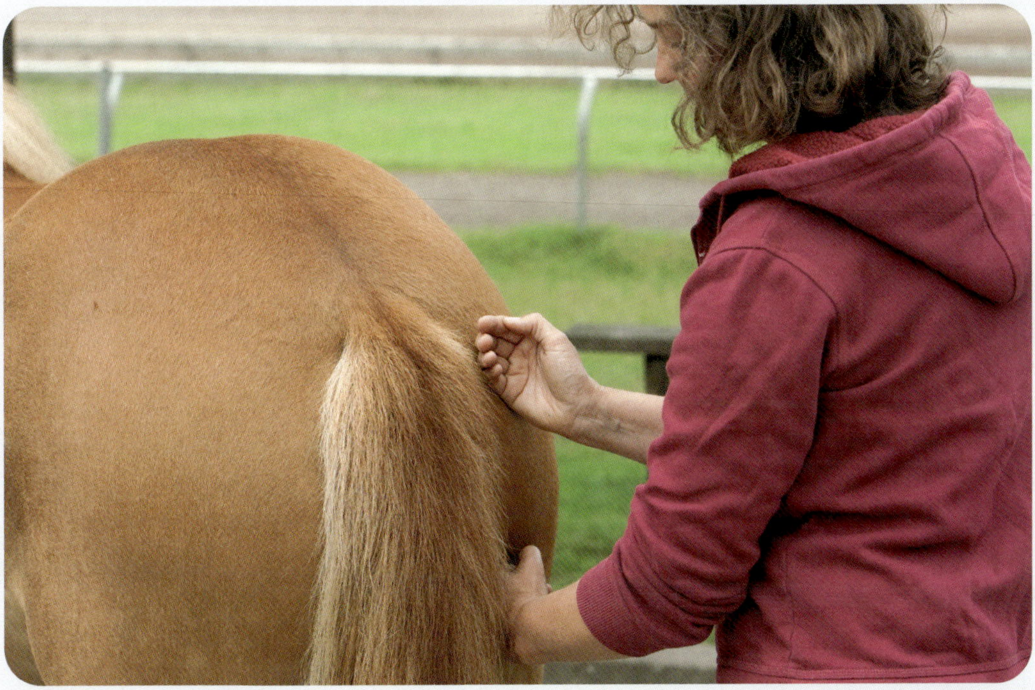

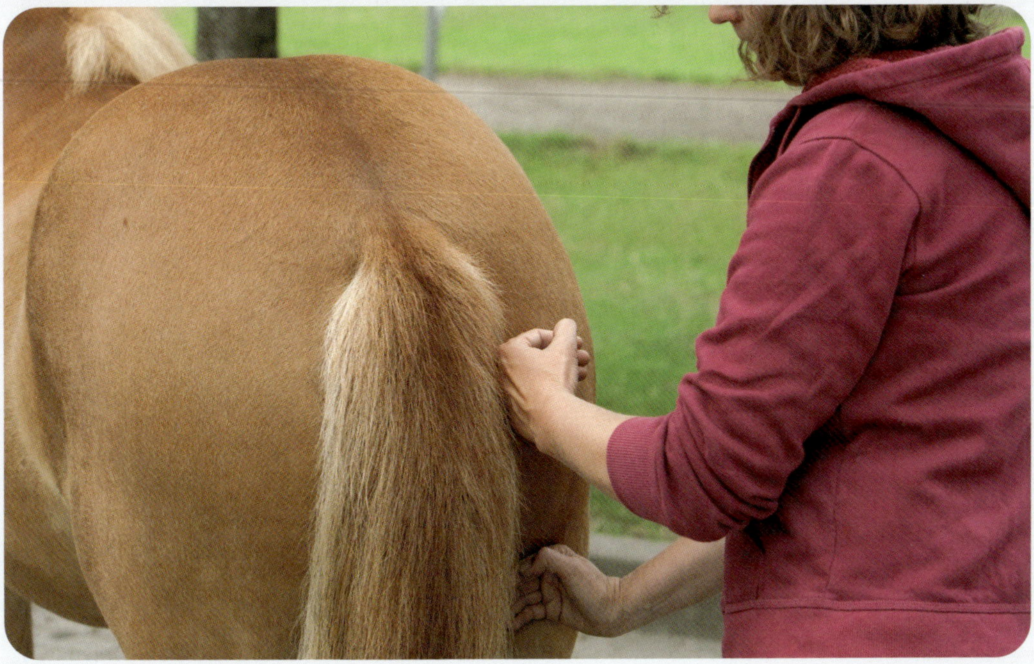

Ausführung des Hobelgriffs an der Sitzbeinmuskulatur.

Ausführung des Hobelgriffs am Rücken.

Hand zurückgelegt haben, dann beginnen Sie mit der anderen Hand den Hobelgriff ebenfalls kurz unterhalb des Sitzbeinhöckers und folgen der ersten Hand. Ist die erste Hand an der Achillessehne (siehe Zeichnung auf Seite 77) angekommen, führen Sie sie wieder in die Ausgangsposition unterhalb des Sitzbeins. So werden die Hände ständig gewechselt. Die untere Hand dehnt den Muskel vor, die obere folgende Hand massiert den Muskel danach. Dadurch wird der Griff noch intensiver.

Die Geschwindigkeit dieses Massagegriffs richtet sich nach Ihrer Koordination der beiden Hände. Führen Sie den Griff erst langsam aus, um ein Gefühl für den Rhythmus zu bekommen. Die obere Hand muss der unteren immer folgen können. Wenn die Bewegungsabfolge klar ist, kann der Griff sehr schnell und mit einem kräftigen Druck ausgeübt werden. Der Druck darf nur so hoch sein, wie es dem Pferd noch angenehm ist. Muss es einen Ausgleichsschritt nach vorn oder zur Seite machen, ist der Druck eindeutig zu stark.

Hobelgriff– das Wichtigste in Kurzform

- Immer mit den geraden Flächen des zweiten (mittleren) Fingerglieds arbeiten, nie mit den Fingerknöcheln.
- Wenn Sie den Hobelgriff an der Sitzbeinmuskulatur anwenden, stehen Sie direkt hinter dem Pferd. Diese Position ist gefährlich, beobachten Sie deshalb gut die Reaktion des Pferdes. Wenn das Pferd unruhig oder nervös ist, verzichten Sie auf diesen Massagegriff. Auch wenn Ihnen bekannt ist, dass das Pferd gern gezielt zutritt, sollten Sie auf diesen Griff verzichten. Ihre eigene Sicherheit geht vor!

Schüttelungen

Da dieser Griff sehr intensiv ist, ist hier ganz besonders darauf zu achten, dass die Muskulatur vor Anwendung dieser Grifftechnik durch Streichungen erwärmt wurde. Dieser Griff ist gut geeignet zur Anwendung am Arm-Kopf-Muskel (Musculus brachiocephalicus) und an der Sitzbeinmuskulatur.

Der Arm-Kopf-Muskel ist sehr verspannt, wenn das Pferd einen Unterhals bildet. Im Zusammenhang mit der Korrektur der Reitweise kann dieser Griff die Verspannungen am Arm-Kopf-Muskel lösen helfen. Achten Sie darauf,

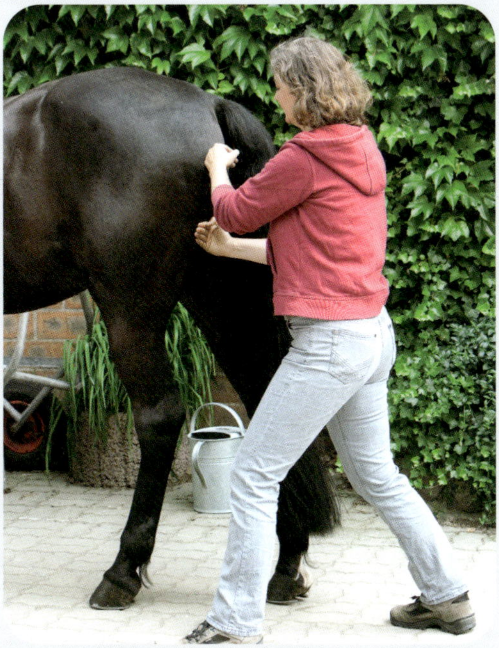

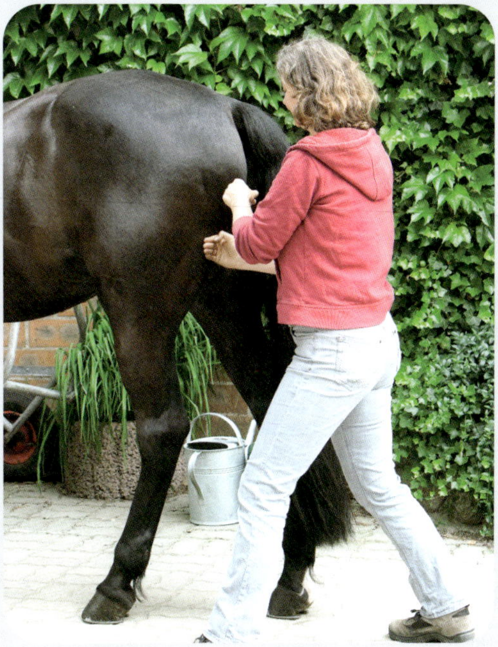

Ausführung des Hobelgriffs an der Sitzbeinmuskulatur: Die untere Hand dehnt den Muskel vor, die folgende Hand massiert den Muskel.

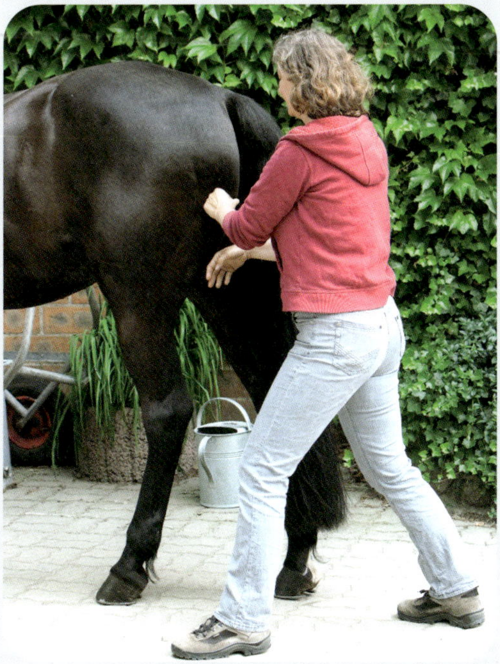

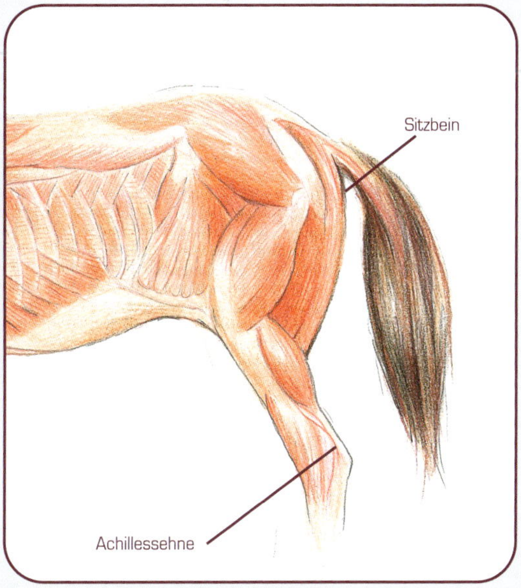

Streichungen an der Sitzbeinmuskulatur beginnen kurz unterhalb des Sitzbeins und enden an der Achillessehne. (Zeichnung: Denmann)

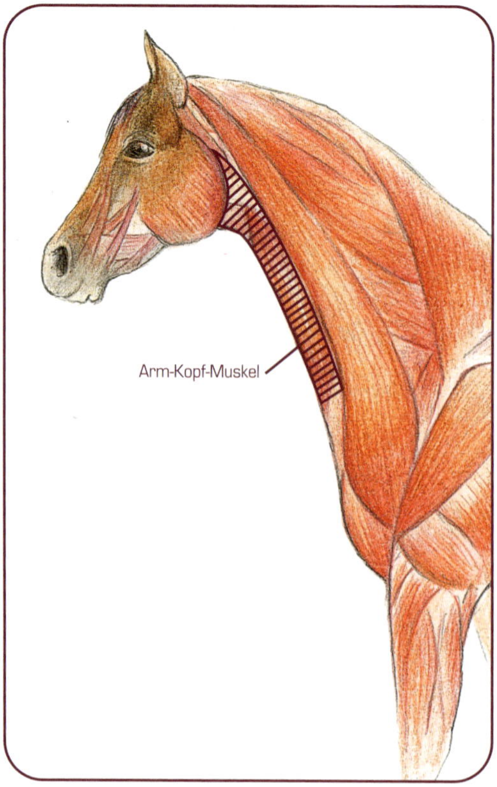

Im Bereich der Luftröhre und Drosselrinne des Pferdes (farbig markiert) darf nicht mit massiert werden. (Zeichnung: Denmann)

dass Sie in keinem Fall die Luftröhre und die Drosselrinne schütteln, das kann zu Verletzungen führen.

Wirkung der Schüttelungen auf einen Blick

- Lockerung der Muskulatur
- Entspannung der Psyche

Ausführung

Umgreifen Sie den zu behandelnden Muskel ohne Druck mit einer Hand und schütteln ihn hin und her. Wie stark sich der Muskel bewegen lässt, hängt davon ab, wie verspannt oder locker er ist. Das Handgelenk ist fixiert, die Handfläche liegt auf dem Muskel und rutscht nicht über die Haut. Die andere Hand liegt locker irgendwo am Pferd.

Schüttelungen – das Wichtigste in Kurzform

- Vor Anwendung dieses Griffs besonders darauf achten, dass die Muskulatur durch Streichungen vorgewärmt ist.
- Auf keinen Fall die Luftröhre und die Drosselrinne in die Hand nehmen und stark schütteln.
- Achten Sie gut auf das Pferd: Ist es entspannt, ist alles in Ordnung. Wird es unruhig und wehrt sich gegen den Griff, ist der Griff entweder zu fest oder das Pferd nicht genug vorbereitet. Überprüfen Sie die Intensität Ihres Griffs und bereiten Sie den Muskel durch Streichungen ausreichend vor.

Trommelungen

Die Trommelungen wie auch die nachstehend beschriebenen Hohlhandklopfungen gehören zu den sogenannten Tapotements, wie sie in der

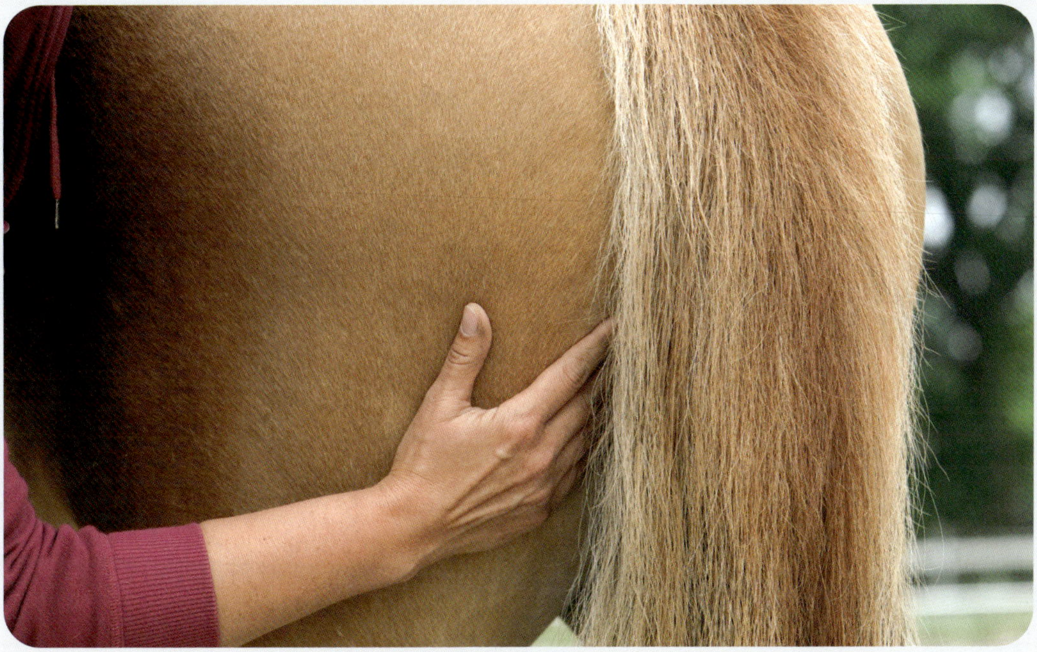

Ausführung der Schüttelungen an der Sitzbeinmuskulatur.

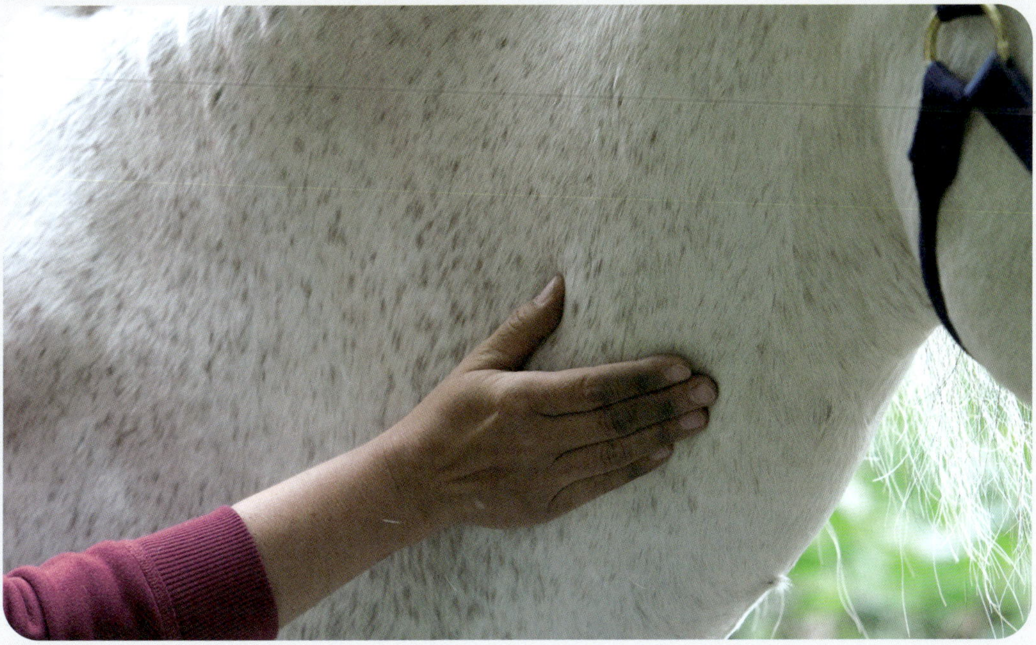

Ausführung der Schüttelungen am Arm-Kopf-Muskel: Vor Anwendung dieser Grifftechnik muss der Muskel gut über Streichungen warm gemacht werden.

Ausführung der Trommelungen auf dem mittleren Kruppenmuskel.

Fachsprache der Physiotherapeuten heißen. Bei einer Tapotementmassage wird eine Anzahl sanfter, rhythmischer Schläge ausgeführt. Deswegen muss sich das Pferd auch erst an diese Griffe gewöhnen. Bei trächtigen Tieren darf dieser Griff auf keinen Fall angewendet werden!

Es ist auch hier wieder wichtig, dass vor der Anwendung von Trommelungen das Gewebe mittels Streichungen und Reibungen gut vorbereitet ist. Trommelungen eignen sich speziell für den mittleren Kruppenmuskel (siehe Seite 33), da dieser eine entsprechend kräftige Muskelmasse besitzt. Auf keinen Fall darf auf Knochenvorsprüngen getrommelt werden.

Trommelungen eignen sich bei schneller Ausführung sehr gut als „Aufweckhilfe“ vor einer sportlichen Leistung. Sie haben eine kräftigende Wirkung auf die bearbeitete Muskulatur. Bei einer Wellnessmassage sollte man sie sicherheitshalber wegen ihrer oft eher stimulierenden Wirkung am Ende der Massagesitzung einsetzen. Es gibt Pferde, die sich nach dem Behandler umdrehen und sich zu fragen scheinen, was man

Wirkung der Trommelungen auf einen Blick

- Kräftigung der bearbeiteten Muskulatur
- Förderung der Durchblutung in der Haut und der Muskulatur
- Stimulation der Psyche

mit ihnen gerade veranstaltet, einige wollen sich danach bewegen und andere finden Trommelungen so angenehm und entspannend, dass sie ein Hinterbein entlasten und dabei vor sich hin dösen. Probieren Sie die Wirkung dieses Massagegriffs auf Ihr Pferd vor einem Turnier sicherheitshalber aus, damit Sie nicht ein entspannt vor sich hin dösendes Pferd in den Parcours schieben müssen.

Ausführung
Beide Hände werden zu einer lockeren Faust geschlossen. Dann wird abwechselnd mit der flachen Seite der Faust auf den zu behandelnden Muskel getrommelt. Beginnen Sie langsam und mit sehr wenig Druck und steigern Sie dann vorsichtig die Geschwindigkeit und den Druck.

Bei einer normalen Massage sollten zwei bis drei Schläge pro Sekunde ausgeführt werden, insgesamt ungefähr über eine halbe bis eine Minute.

Hohlhandklopfungen

Auch bei den Hohlhandklopfungen gilt, dass das Pferd zunächst an sie gewöhnt werden muss. Dieser Griff verursacht ein hohles Geräusch, sodass man erst einmal weit weg von den Pferdeohren, also am besten am Rücken, anfängt. Hat das Pferd sich daran gewöhnt, kann man Hohlhandklopfungen entlang der gesamten Oberlinie ausführen: beginnend hinter den Ohren mit wenig Druck und langsam, dann entlang des Halses mit langsam steigendem Druck und steigender Geschwindigkeit über den Rücken zur Kruppe. Auf diesen Griff sollten Sie verzichten, wenn Ihre Stute tragend ist.

Trommelungen – das Wichtigste in Kurzform

- Nie bei trächtigen Tieren anwenden!
- Pferde erst an diesen Massagegriff gewöhnen.
- Vor der Anwendung von Trommelungen müssen die Muskulatur und das umliegende Gewebe durch Streichungen und Reibungen gut vorbereitet sein.
- Langsam und mit wenig Druck beginnen, dann Geschwindigkeit und Intensität langsam steigern.

Handhaltung bei Hohlhandklopfungen: Die Handflächen werden leicht nach innen gebogen, so als wollte man Wasser aus einer Quelle schöpfen.

Ausführung der Hohlhandklopfungen entlang der gesamten Oberlinie.

Wirkung der Hohlhand-klopfungen auf einen Blick

Sanfte Ausführung
- Entspannung des Pferdes
- Lockerung der Muskulatur

Kräftige Ausführung
- Förderung der Durchblutung in der Haut und der Muskulatur
- Stärkung der Muskulatur

Ausführung

Die Handflächen werden leicht nach innen gebogen, als wollte man Wasser aus einer Quelle schöpfen. Dadurch bildet sich ein Hohlraum in der Handfläche. Mit dieser Handhaltung wird die Oberlinie rechts und links der Wirbelsäule abgeklopft. Nie auf der Wirbelsäule oder über Knochenvorsprüngen klopfen. Man klopft

Hohlhandklopfungen – das Wichtigste in Kurzform
- Nie auf der Wirbelsäule oder über Knochenvorsprüngen klopfen.
- Pferde an diesen Griff langsam gewöhnen.
- Mit wenig Druck und langsam anfangen, dann Geschwindigkeit und Druck vorsichtig steigern.
- Nie bei trächtigen Stuten ausführen.

ungefähr im Rhythmus von einer Sekunde pro Klopfung und lässt die lockere Hand nur leicht auf den zu bearbeitenden Muskel auftreffen. Ist das Pferd an den Griff gewöhnt und möchte man eine Förderung der Durchblutung erreichen, versteift man seine Hände leicht und erhöht den Klopfrhythmus etwas. Achten Sie auch hier wieder auf die Reaktionen Ihres Pferdes – es wird Ihnen zeigen, welche Intensität und Geschwindigkeit angenehm sind.

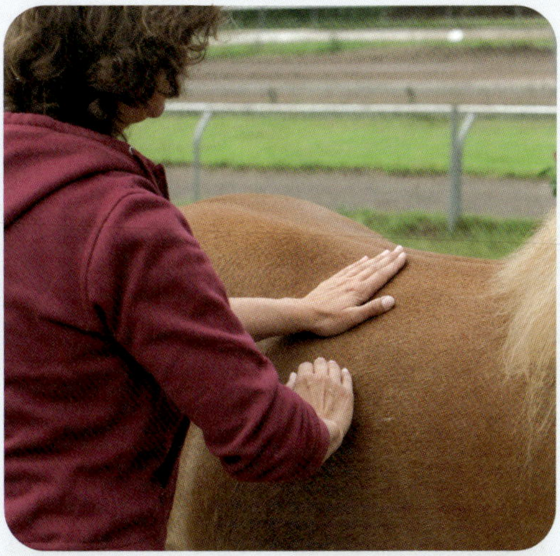

Ausführung der Streichungen am Rücken.

Vorschlag für eine ganzheitliche Massage

Der nachstehend aufgeführte Vorschlag für eine ganzheitliche Massage ist als Anregung gedacht, wie die bisher einzeln aufgeführten Massagegriffe zu einer Einheit zusammengefügt werden können.

Die Dauer der Massage richtet sich danach, wie viel Zeit Sie haben und wie Ihr Pferd die Massage an diesem Tag annimmt. Sie müssen nicht alle Massagegriffe innerhalb einer Massagesitzung ausführen. Probieren Sie aus, welche Griffe Ihnen und Ihrem Pferd angenehm sind, und stellen sich Ihren eigenen individuellen Massageplan zusammen. 5 bis 15 Minuten Massage vor dem Reiten zeigen Ihnen, wie Ihr Pferd an diesem Tag in Form ist, lockern und durchbluten die Muskulatur und erleichtern Ihnen damit das Reitprogramm.

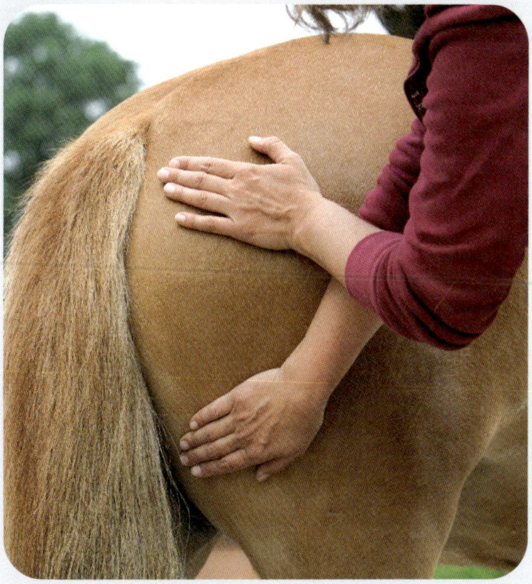

Ausführung der Streichungen an der Hinterhand.

Eine Möglichkeit besteht darin, die geplanten Massagegriffe zunächst auf einer Seite (also zum Beispiel auf der linken Seite des Pferdes) durchzuführen und danach auf die andere Seite zu wechseln. Dies bietet den Vorteil, dass der Massagefluss ruhig und gleichmäßig ist und das Pferd nicht irritiert wird, weil Sie dauernd die Seiten wechseln. Es fällt leichter, darauf zu achten, immer eine Hand am Pferd zu behalten, das Pferd kann sich so besser entspannen. Der

Nachteil ist, dass Sie nicht vergleichen können, ob sich beide Seiten gleich anfühlen oder die rechte Seite des Halses vielleicht mehr verspannt ist als die linke Seite. Zumindest, wenn Sie Massageanfänger sind, werden Sie am Ende vergessen haben, wie es sich am Anfang angefühlt hat. Mit ein bisschen Übung wird auch das später kein Problem mehr sein.

Die andere Möglichkeit besteht darin, die Massagegriffe nach den Körperteilen einzuteilen (also erst den Kopf rechts, dann den Kopf links und so weiter). Vorteil ist, dass Sie einen direkten Vergleich beider Seiten haben. Diese Methode bringt allerdings etwas mehr Unruhe mit sich.

Ich habe mir angewöhnt, immer erst eine Seite komplett zu massieren, dann die andere Seite. Die Erfahrung hat gezeigt, dass es für die meisten Pferde angenehmer und effektiver ist. Deshalb stelle ich diese Vorgehensweise auch in der folgenden Beispielmassage dar.

Sie beginnen mit den Streichungen am Kaumuskel, gehen über zum Genick, zum Hals, zur Schulter, zu Rücken und Rippen, zur Kruppe und zur Sitzbeinmuskulatur. Führen Sie lange, langsame Streichungen aus, um das Körpergefühl des Pferdes zu stärken.

Nach den Streichungen an der Hinterhand gehen Sie über zu den Gelenkmassagen (siehe Seite 58) am Hinterbein und wechseln danach zum Vorderbein. Denken Sie daran, dass Sie auch beim Wechsel zum Vorderbein immer eine Hand am Pferd belassen.

Vom Vorderbein aus geht es noch einmal zum Hals, immer mit einer Hand am Pferd. Hier führen Sie noch einmal kurz Streichungen durch und beginnen dann mit der Mähnenkammknetung (siehe Seite 60) eine Handbreit hinter den Ohren,

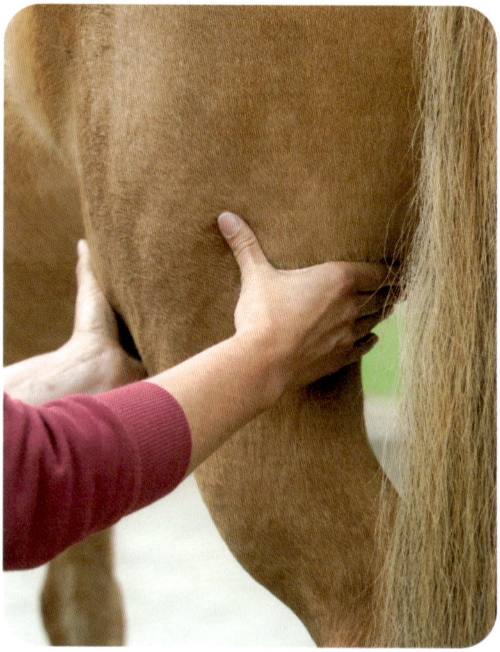

Ausführung der Gelenkmassage am Hinterbein.

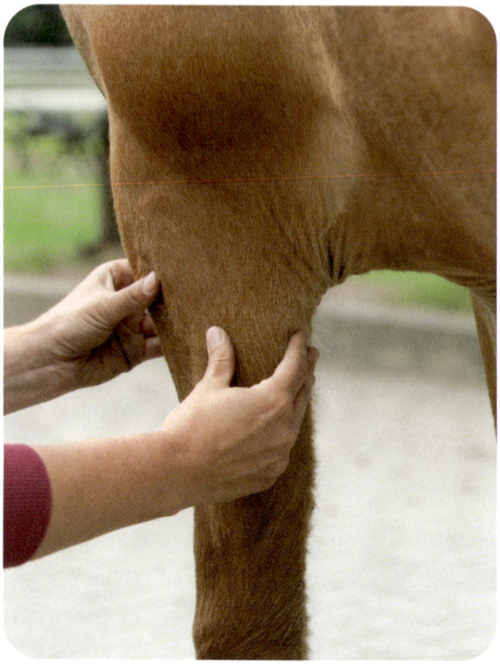

Ausführung der Massage am Vorderbein.

den gesamten Hals entlang und wieder zurück. Streichungen am Hals einschieben.

Vom Genick geht es dann mit den Reibungen (siehe Seite 71) die gesamte Oberlinie entlang bis hinunter zu den Sitzbeinmuskeln. An verspannten Stellen können Sie einige Male vor und zurück reiben.

Streichungen vom Hals über den Rumpf zur Kruppe leiten den neuen Massagegriff ein.

Ausführung der Reibungen am Hals.

Achtung, auch beim Wechseln der Massagegriffe darauf achten, dass immer eine Hand am Pferd bleibt.

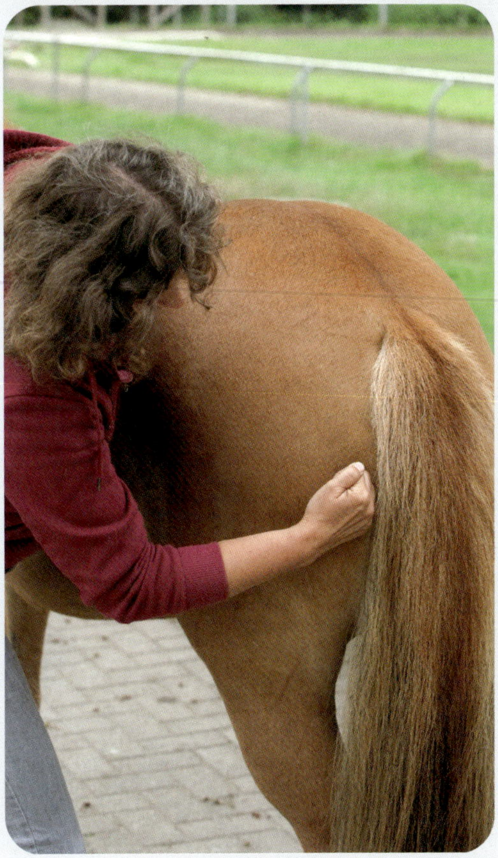

Ausführung der Reibungen an der Sitzbeinmuskulatur.

Schüttelungen (siehe Seite 76) am Arm-Kopf-Muskel entspannen diesen Muskel. Über die Streichungen geht es weiter zum Rücken. Hier können Sie mithilfe der Zirkelungen (siehe Seite 67) oder des Hobelgriffs (siehe Seite 74) in die tieferen Schichten der Muskulatur vordringen.

Dann erfolgt die Überleitung durch die Streichungen zum Harkengriff (siehe Seite 72) zwischen den Rippen zur Entspannung der Zwischenrippenmuskulatur.

Über die Streichungen arbeiten Sie sich zur Kruppe vor, wo zur Vorbereitung auf die Arbeit mit den Trommelungen (siehe Seite 78) auf dem mittleren Kruppenmuskel die anregende Massage eingeleitet wird. Streichungen führen Sie dann wieder zurück hinter die Ohren, wo Sie mit den Hohlhandklopfungen die gesamte Oberlinie des Pferdes vom Hals über den Rücken bis zur Kruppe bearbeiten.

Ausführung der Zirkelung am Rücken.

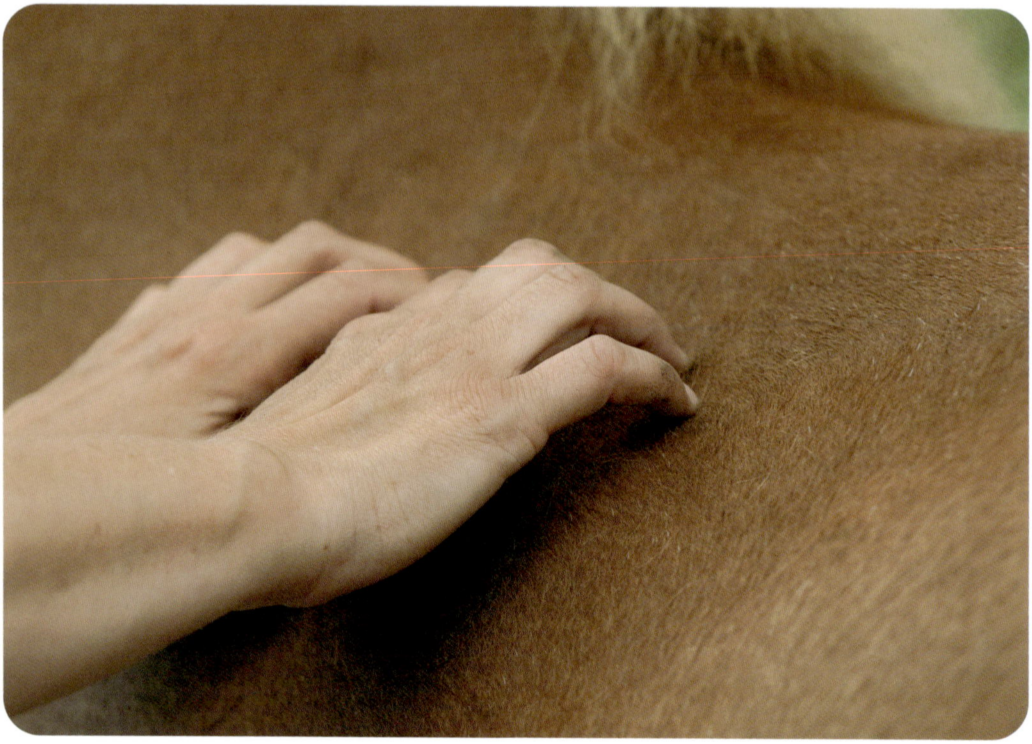

Ausführung des Harkengriffs.

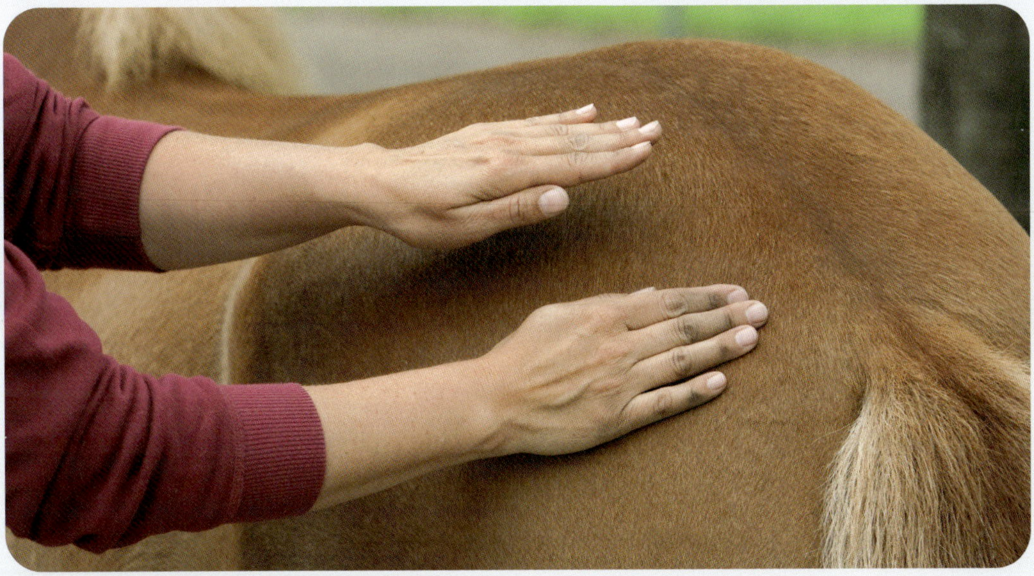
Ausführung der Hohlhandklopfungen an der Kruppe.

Die Massagegriffe im Überblick

Massagegriff	Ausführungsbereich
Handstreichungen	Kaumuskel, am gesamten Pferd
Ohrmassage	Gesamtes Ohr, in Schocksituationen speziell an der Ohrspitze
Gelenkmassage	Gliedmaßen, speziell an den Gelenken
Mähnenkammknetung	Mähnenkamm
Zweihandknetung	Arm-Kopf-Muskel, halbsehniger Muskel, Dreiköpfiger Oberarmmuskel
Drückungen	Mähnenkamm, Dreiköpfiger Oberarmmuskel, Spanner der Schenkelfaszie
Zirkelungen	Oberlinie des Halses, Rücken, Kruppe, Sitzbeinmuskulatur
Reibungen	Oberlinie des Halses, Rücken, Kruppe, Sitzbeinmuskulatur
Harkengriff	Zwischenrippenmuskulatur
Hobelgriff	Sitzbeinmuskulatur, Rückenbereich
Schüttelungen	Arm-Kopf-Muskel, Sitzbeinmuskulatur
Trommelungen	Mittlerer Kruppenmuskel
Hohlhandklopfungen	Oberlinie des Halses, Rücken, Kruppe

Massagetipps für jeden Pferdetyp

Grundsätzlich profitiert jedes Pferd von den oben beschriebenen Massagegriffen und wird die als Beispielmassage dargestellte Griffabfolge genießen. Darüber hinaus ist allerdings zu beachten, dass je nach Nutzung des Pferdes bestimmte Muskelgruppen besonders stark beansprucht werden. Ihre spezielle Unterstützung mittels gezielter Massagegriffe kann dazu beitragen, das Wohlbefinden des Pferdes zu verbessern, vorzeitigem Verschleiß vorzubeugen und möglicherweise auch das Risiko für sportlich bedingte Verletzungen zu verringern.

„Beanspruchung" der Muskulatur heißt erst einmal nur, dass diese Muskeln zur Ausführung der entsprechenden Disziplin besonders intensiv benötigt werden. Bei richtigem Training und gezielter Kontrolle dieser Muskulatur bleibt das Pferd lange fit und leistungsbereit. Bei Überlastung und falschem Training können diese Muskelbereiche aber zu Problemzonen werden.

Über die Muskeln, die bei Nutzung der Pferde in den unterschiedlichsten Disziplinen besonders beansprucht werden, gibt es nur wenig Literatur oder wissenschaftliche Studien. Ich habe bei Praktikern nachgefragt, die Pferde im sportlichen Einsatz betreuen, und die Ergebnisse für Sie zusammengetragen.

Die Zeichnungen auf den Seiten 21 bis 23 dienen zur Veranschaulichung der bei den einzelnen Pferdetypen aufgeführten Muskeln. Der Einfachheit halber nenne ich nur die deutschen Muskelbezeichnungen, nicht die lateinischen Namen.

Pferde sind oft Hochleistungssportler. Jeder menschliche Hochleistungssportler wird auch mithilfe der Physiotherapie fit gehalten, auf Verletzungen kontrolliert und nach Verletzungen therapiert. Warum sollten unsere Pferde – übrigens auch, wenn sie nicht im Sport eingesetzt werden – diese Pflegeleistung nicht in Anspruch nehmen dürfen? In jedem Fall dient eine regelmäßige Massage dazu, dass der Mensch ein Gefühl für den Körper seines Pferdes entwickelt und besser einschätzen kann, ob sein Pferd fit in das bevorstehende Turnier, den Reitunterricht oder den bevorstehenden Ausritt gehen kann. Die Massage bietet bei schneller Ausführung der Griffe ein hervorragendes Aufwärmen (Warm-up) und nach der Arbeit bei langsamer Ausführung eine wunderbare Entspannungshilfe für Körper und Psyche sowie die gründliche Kontrolle auf kleine Verletzungen.

Noch ein besonderer Aspekt ist mir sehr wichtig: Wie wir gesehen haben, brauchen die Muskeln und der Organismus insgesamt genug Sauerstoff, um Leistung erbringen zu können. Man kann über eine gute Massage den Stoffwechsel in der Muskulatur anregen und damit die Aufnahme des Sauerstoffs in die entsprechenden Strukturen fördern. Die Sauerstoffzufuhr muss jedoch über die Nüstern des Pferdes erfolgen. Grundvoraussetzung ist daher, dass die Nüstern frei bleiben und nicht durch einen zu engen Nasenriemen eingeschnürt werden.

Isometrische Übungen zum Aufbau der Bauch- und Rückenmuskulatur: Die Hände liegen kurz unterhalb der Sitzbeinhöcker, es wird langsam und auf beiden Seiten gleichmäßig Druck in Richtung Pferdekopf aufgebaut, bis sich der Rücken aufwölbt. Dieser Druck wird circa zehn Sekunden gehalten und dann langsam wieder abgebaut.

Das Geländefreizeitpferd

Auch Pferde, die ausschließlich im Gelände spazieren geritten werden, genießen die Massage. Gerade bei diesen Pferden muss darauf geachtet werden, dass die Muskulatur kräftig, aber trotzdem elastisch bleibt und keine Verspannungen aufweist. Die Schubkraft sollte wie bei jedem gerittenen Pferd aus der Hinterhand kommen, über den Rücken weitergeleitet und in Bewegung nach vorn umgesetzt werden. Ein fleißiger Schritt fördert den Aufbau der Muskulatur und Elemente aus der Dressur können auch im Gelände für Gymnastizierung sorgen.

Das Tempo und die Aufgaben im Gelände sind dem Trainingszustand des Pferdes anzupassen, damit es nicht zu den vorn im Buch beschriebenen Stoffwechselproblemen in der Muskulatur kommt.

Tipps für die Massage

Für das überwiegend im Gelände gerittene Freizeitpferd bietet sich die ganzheitliche Massage, wie sie ab Seite 83 beschrieben ist, besonders an. Zusätzlich können isometrische Übungen zum Aufbau der Bauch- und Rückenmuskulatur durchgeführt werden. Bei den isometrischen Übungen wird langsam ein Druck erzeugt und das Pferd muss diesem Druck einen Gegendruck entgegensetzen, damit es sein Gleichgewicht halten kann. Wird zu viel Druck aufgebaut, weicht das Pferd nach vorn oder zur Seite aus.

Bei den isometrischen Übungen für den Aufbau der Bauch- und Rückenmuskulatur positioniert man die Hände kurz unterhalb der Sitzbeinknochen des Pferdes und baut leichten Druck auf. Der Rücken wölbt sich auf und die Bauchmuskulatur zieht sich zusammen. Diesen Druck hält man circa zehn Sekunden und lässt dann langsam (!) wieder los. Lassen Sie wirklich langsam wieder los, da das Pferd sonst unter Umständen das Gleichgewicht verliert. Diese Übung wiederholt man eine Woche lang, möglichst täglich, dreimal nacheinander, nach einer Woche fünfmal hintereinander. Sind Sie nicht jeden Tag bei Ihrem Pferd, machen Sie diese Übung so oft wie möglich, das ist immer noch besser, als gar nichts zu machen.

Achtung!
Sie stehen bei dieser Übung unmittelbar hinter dem Pferd. Diese Position sollten Sie nicht einnehmen, wenn Ihnen bekannt ist, dass das Pferd gezielt und schnell ausschlägt. Ferner sollten Sie diese Übungen nicht durchführen, wenn das Pferd an dem Tag nervös und unruhig ist und überhaupt nicht darauf achtet, wo Sie sich befinden.

Das Dressurpferd

Bei Pferden, die im Dressursport eingesetzt werden, muss die gesamte Hinterhandmuskulatur verstärkt arbeiten und deshalb besonders tragfähig sein. Der Schub kommt aus der Hinterhand, wird über den Rücken weitergeleitet und in die Bewegung nach vorn umgesetzt. Speziell für die Schubkraft der Hinterhand verantwortlich ist der mittlere Kruppenmuskel. Dieser Muskel sowie

Damit das Dressurpferd in den Seitengängen gut kreuzen kann, müssen Gelenke und Muskulatur frei arbeiten können. (Foto: Christiane Slawik)

die Sitzbeinmuskulatur, hier der halbsehnige Muskel und der halbhäutige Muskel sowie der Zweiköpfige Oberschenkelmuskel, müssen sich gut dehnen lassen, um das weite Untertreten der Hinterhand zu unterstützen.

Der mittlere Kruppenmuskel ist über die bereits beschriebene Lendenzacke mit dem Rückenteil des langen Rücken-, Hals- und Kopfmuskels verbunden. Durch diese Verbindung sind beide Muskeln in der Bewegung miteinander gekoppelt, zum Beispiel wenn sich das Pferd aufbäumt oder als Lektion der hohen Schule in der Levade.

Wird das Hüftgelenk gebeugt, muss sich der mittlere Kruppenmuskel dehnen. Dadurch übt er aufgrund seiner Verbindung über die Lendenzacke am Rückenteil des langen Rücken-, Hals- und Kopfmuskels Zug aus. Das wiederum führt dazu, dass die Vorhand angehoben wird. Deshalb ist verständlich, dass die Rückenmuskulatur für eine optimale Schubübertragung aus der Hinterhand zur Vorhand gut ausgebildet und elastisch sein muss. Ist die Rückenmuskulatur verspannt, kann die Hinterhand nicht weit untertreten.

Die Rückenmuskulatur muss sich entsprechend des Versammlungsgrades gut aufwölben, also dehnen können, was bedeutet, dass auch die Bauchmuskulatur als Gegenspieler der Rückenmuskulatur arbeiten (sich zusammenziehen) muss. Hier gilt das schon erwähnte Zitat: „Ohne Bauch kein Rücken."

In den Seitengängen müssen Vorder- und Hinterhand gut kreuzen können. Für das Kreuzen der Vorderbeine ist es wichtig, dass die Schulter- und Brustmuskulatur locker ist und sich gut dehnen lässt. Für die Seitengänge werden unter anderem der Kapuzenmuskel, die Schultermuskeln, die Brustmuskeln und der Deltamuskel benötigt. Beim Kreuzen der Hinterhand müssen die innere Oberschenkelmuskulatur, die Kruppenmuskulatur, die äußere Oberschenkelmuskulatur sowie die Sitzbeinmuskulatur elastisch und dehnbar sein.

Ebenfalls entscheidend für ein gutes Kreuzen der Gliedmaßen in den Seitengängen sind ein freies Schulterblatt und ein freies Becken beziehungsweise Kreuz-Darmbein-Gelenk. Liegen hier Blockaden vor, können auch die Muskeln nicht vernünftig arbeiten. Es kommt zu verkürzten, oft steifen Schritten. Hier sollten die Blockaden erst durch einen Osteopathen gelöst werden. Daran anschließend kann mithilfe der Massage die Elastizität in der Muskulatur wiederhergestellt werden.

Ferner dient der Rückenteil des langen Rücken-, Hals- und Kopfmuskels bei einseitiger Wirkung als Seitwärtsbieger der Wirbelsäule, wobei sich der Muskel auf der einen Seite der Wirbelsäule dehnen, auf der anderen Seite der Wirbelsäule zusammenziehen muss. Dies wird bei allen biegenden Lektionen in Anspruch genommen. Ist der Muskel einseitig verspannt, kann sich das Pferd in die eine Richtung gut biegen, in die andere Richtung weniger gut bis gar nicht.

Der Deltamuskel sowie der unter ihm liegende Rautenmuskel müssen elastisch und dehnbar sein, damit die Schulter nach vorn schwingen und die raumgreifenden Bewegungen, die in hohen Lektionen zu sehen sind, ermöglichen kann.

Die Halsmuskulatur leistet in der Versammlung eine gute Haltearbeit und darf deswegen nicht durch den Zügel in Position gebracht werden, sondern durch eine aktive, tragfähige Hinterhand. Nur dann kann sich die Halsmuskulatur elastisch

Ausführung der Mähnenkammknetungen.
Die Halsmuskulatur muss locker und elastisch sein.

Ausführung der Zirkelungen oberhalb des Schulterblatts.

nach oben wölben und den Weg für die hohen Aktionen der Vorhand in der Versammlung freigeben.

Wichtig ist, dass die Muskulatur ungestört arbeiten kann, also nicht durch einen drückenden Sattel in ihrer Durchblutung gestört wird. Können der hinter dem Schulterblatt gelegene Teil des Kapuzenmuskels sowie der daruntergelegene Teil des Rautenmuskels nicht ungehindert arbeiten, fallen sie in sich zusammen. Die Muskulatur ist nicht mehr leistungsbereit und behindert das Vorschwingen der Schulter, wodurch wiederum Einschränkungen im Raumgriff entstehen. Probleme in diesem Bereich erkennt man an einer ausgeprägten Kuhle hinter dem Schulterblatt.

Pferde, die während des sportlichen Einsatzes unter Stress leiden, weil sie zum Beispiel den Anforderungen nicht gewachsen sind oder der Reiter zu viel Druck ausübt, halten oftmals den Atem an mit der Folge, dass die Zwischenrippenmuskulatur verspannt und der Brustkorb sich nicht mehr in vollem Umfang ausdehnen kann. Dies führt zu einer eingeschränkten Atmung und Sauerstoffaufnahme.

Tipps für die Massage

- **Für den Hals:** Es wird wieder mit den Streichungen begonnen und dabei festgestellt, ob die Muskulatur Verspannungen aufweist.

  Zur Erinnerung: Gute Muskulatur fühlt sich kräftig, aber trotzdem elastisch an, während Verspannungen sich anfühlen, als ob man ein Stück Holz unter den Händen hat. Hier findet man von Elastizität keine Spur. Am Anfang der Ausbildung fühlen sich die Muskeln eines Pferdes eher weich an, so als ob man in Zuckerwatte greift. Sie müssen lang-

Trommelungen an der Hinterhand halten den mittleren Kruppenmuskel elastisch und dehnbar.

sam aufgebaut werden, damit sie nach und nach gekräftigt werden, ohne sich zu verhärten. Mähnenkammknetungen oder Mähnenkammdrückungen lockern den oberen Halsbereich und Schüttelungen den Arm-Kopf-Muskel.

- **Für die Vorhand:** Nach den Streichungen sind Drückungen für die Vorhand im Dreiköpfigen Oberarmmuskel von Vorteil. Zirkelungen im Bereich zwischen Schulterblatt und Brustwirbel gewährleisten die Bewegungsfreiheit der Schulter. Die Gelenke werden über die Gelenkmassagen gut gepflegt.
- **Für den Rücken:** Am Anfang stehen wieder die Streichungen, danach sollte die Rückenmuskulatur über Reibungen und Zirkelungen gut durchblutet werden. Haben sich schon Kuhlen hinter dem Schulterblatt gebildet, sind Reibungen und Zirkelungen in diesem Gebiet hilfreich, um die Verklebungen aufzulösen. Die Muskulatur wird besser durchblutet, was Grundlage für den Wiederaufbau dieser Muskelbereiche ist. Bei wiederkehrenden Problemen dazu sollte die Passform des Sattels überprüft werden. Die Zwischenrippenmuskulatur ist mittels Harkengriff zu entspannen und so die Atmung zu verbessern.
- **Für die Hinterhand:** Nach Ausführung der Streichungen kann der Kruppenmuskel mit Trommelungen gelockert werden.
  Mit Hobelungen an der Sitzbeinmuskulatur oder Schüttelungen wird diese elastisch gehalten und dem Pferd ein besseres Abwinkeln im Becken ermöglicht.
  Die Gelenke werden auch an der Hinterhand über die Gelenkmassage gepflegt.

Das Barockpferd

Hinsichtlich der beanspruchten Muskulatur bei der Dressurarbeit des Barockpferdes gilt im Wesentlichen das unter dem vorangegangenen Abschnitt Erwähnte, es soll hier jedoch noch auf einen besonderen Aspekt hingewiesen werden.

Zu den Barockpferden zählen unter anderem der Andalusier (Pura Raza Española), der Friese, der Kladruber, der Knabstrupper und der Lipizzaner. Diese Pferde sind insgesamt sehr kompakt gebaut, sie zeichnen sich durch eine hohe Halshaltung und eine hohe Vorhandaktion aus. Durch den hoch angesetzten, oft sehr starken Hals neigen diese Pferde dazu, sich im Genick- und Halsbereich zu verspannen, sodass der Lymphabfluss blockiert wird. Ein Lymphstau in diesem Bereich äußert sich dadurch, dass der Mähnenkamm – meistens ebenfalls besonders ausgeprägt bei diesen Pferden – sehr fest ist.

Im gesamten Genick- und Halsbereich erfordert es immer wieder ein Lösen der Muskulatur,

Eine aktive, tragfähige Hinterhand ist wichtig, damit die Halsmuskulatur in der Versammlung eine gute Haltearbeit leisten kann. Um den Weg für die hohen Aktionen der Vorhand freizugeben, muss sich die Halsmuskulatur elastisch nach oben wölben können. (Foto: Christiane Slawik)

damit die Halsmuskulatur sich locker und elastisch nach oben wölben und Platz für die hohe Aktion der Vorhand machen kann.

Sollte sich das Pferd nicht an den Ohren oder im Genick anfassen lassen wollen, dann können Blockaden im Kopf- und Genickbereich vorliegen. In diesem Fall sollte ein Fachmann (Osteopath) hinzugezogen werden.

Eine extreme Aufrichtung, die nur aus dem Heben des Halses erfolgt und nicht aus dem Absinken der Hüfte durch die Anspannung der unteren (ventralen) Muskelkette, führt zu einer Verkürzung des Halses. Dadurch wird aber die Biomechanik der Nacken- und Rückenbandkonstruktion gestört, die normalerweise bei nach vorn gedehntem Hals den Rücken anhebt. Der Rücken hängt durch und der lange Rücken-, Hals- und Kopfmuskel muss sich verspannen, um das Reitergewicht tragen zu können.

Tipps für die Massage

- **Für den Hals:** Streichungen im Genick- und Halsbereich wirken entspannend und dienen der Kontrolle, ob Verspannungen in diesem Bereich vorliegen. Es wäre von Vorteil, wenn sich das Pferd bereits bei dieser sanften

Über den Hobelgriff wird tief in die Muskulatur gearbeitet.

Trommelungen am mittleren Kruppenmuskel.

Massage vorwärts-abwärts dehnt. Ferner wird bereits mit den Streichungen das Venen- und Lymphsystem entstaut.

Mähnenkammknetungen und Mähnenkammdrückungen fördern verstärkt den Lymphabfluss und entspannen das Nackenband. Schüttelungen des Arm-Kopf-Muskels sorgen für dessen Lockerung.

- **Für die Vorhand:** Die Streichungen stehen wieder an erster Stelle, danach können Drückungen im Bereich des Dreiköpfigen Oberarmmuskels diesen lockern. Fingerzirkelungen oberhalb des Schulterblattes entspannen

Streichungen im Halsbereich fördern die Durchblutung und regen den Stoffwechsel an.

Schüttelungen des Arm-Kopf-Muskels entspannen diesen Muskel.

Fingerzirkelungen oberhalb des Schulterblatts entspannen die Muskulatur, sodass sich das Schulterblatt frei bewegen kann.

den Trapezmuskel und den darunterliegenden Rautenmuskel. Die Gelenkmassage pflegt die Gelenke.

- **Für den Rücken:** Streichungen bereiten den Rücken auf die nachfolgenden Massagegriffe vor und dienen wieder zur Kontrolle, in welchem Zustand sich der Rücken befindet. Mittels der Reibungen wird die Muskulatur gut durchblutet, über die Streichungen das Lymphsystem nochmals angeregt und danach über den Hobelgriff tiefer in die Muskulatur gearbeitet.
  Bei Pferden, die bei der Arbeit gern einmal die Luft anhalten, kann über den Harkengriff die Zwischenrippenmuskulatur entspannt werden.
- **Für die Hinterhand:** Mit Streichungen beginnen, dann mit Trommelungen den mittleren Kruppenmuskel lockern. Die Sitzbeinmuskulatur, dazu gehört der halbsehnige Muskel und der halbhäutige Muskel, wird mit dem Hobelgriff gedehnt und elastisch gehalten.
  Die Gelenkmassage pflegt wiederum die Gelenke.

Das Distanzpferd

Im Distanzsport ist das Pferd über sehr lange Strecken in schneller Bewegung. Deshalb müssen Vor- und Hinterhand sowie der Rücken, der im rhythmischen Trab eher einer Hängematte gleicht, die zwischen den Gliedmaßen aufgespannt ist, gut trainiert sein. In hohem Maße belastet sind die Gelenke, die oberflächlichen und tiefen Beugesehnen sowie der gesamte Bandapparat um das Fesselgelenk. Dies gilt vor allem dann, wenn in tiefem Boden geritten wird.

Insbesondere der Dreiköpfige Oberarmmuskel an der Vorhand und der halbsehnige Muskel sowie der halbhäutige Muskel an der Hinterhand werden beansprucht. Der Dreiköpfige Oberarmmuskel streckt und fixiert dabei das Ellenbogengelenk; der halbsehnige Muskel und der halbhäutige Muskel sind verstärkt am Vorwärtsschieben des Rumpfes beteiligt.

Besondere Belastungen trägt der Teil vom langen Rücken-, Hals- und Kopfmuskel, auf dem der Sattel aufliegt. Da das Pferd Sattel und Reiter im Distanzsport sehr lange auf dem Rücken tragen muss, ist die Muskulatur im Lendenwirbelsäulenbereich einer großen Belastung ausgesetzt.

Distanzpferde sind echte Ausdauersportler, was es erforderlich macht, dass die Muskulatur ausreichend mit Sauerstoff versorgt ist. Dafür darf die Ausdehnung des Brustkorbs nicht eingeschränkt sein, was nur dann der Fall ist, wenn die für die Ein- und Ausatmung zuständige Zwischenrippenmuskulatur nicht verspannt ist.

Tipps für die Massage

- **Für den Hals:** Am Anfang stehen die Streichungen, danach kann der Mähnenkamm zur Anregung des Lymphflusses geknetet werden. Der Mähnenkamm sollte sich weich und elastisch anfühlen. Ein brettharter Mähnenkamm behindert den Lymphfluss und die Arbeit des Nackenbandes. Der Arm-Kopf-Muskel wird über Schüttelungen entspannt. Die Ohren werden über die Ohrmassage bearbeitet.

- **Für die Vorhand:** Zunächst Streichungen, dann wird der Dreiköpfige Oberarmmuskel mit Drückungen bearbeitet, sodass Schlackenstoffe aus dem Muskel herausgepresst und mit

Die langen Strecken belasten Vor- und Hinterhand sowie Rücken des Distanzpferdes in besonderem Maße.
(Foto: Christiane Slawik)

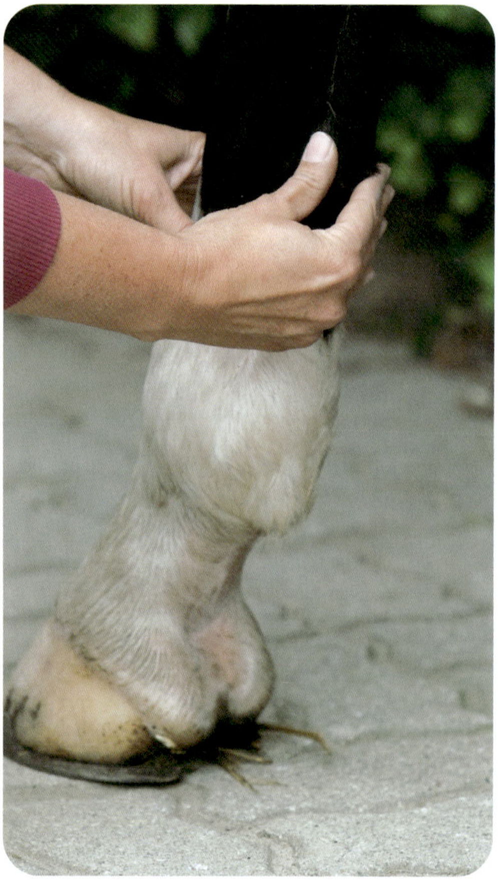

Massage an den Sehnen.

Reibungen im Bereich der Lendenwirbelsäule.

erneuter Durchführung der Streichungen in das Lymphsystem zum Abtransport gebracht werden. Der Muskel bleibt so elastisch und leistungsfähig.

Die Gelenkmassage hilft, die Gelenke zu pflegen, insbesondere das Abstreichen der Sehnen ist hier von Vorteil.

- **Für den Rücken:** Nach Durchführung der Streichungen ist der gesamte Rücken und ganz besonders der Bereich der Lendenwirbelsäule mit Reibungen zu massieren, um die Durchblutung der Rückenmuskulatur zu fördern.
  Der Harkengriff fördert die Entspannung der Zwischenrippenmuskulatur und damit die Erhöhung des Atemvolumens.
- **Für die Hinterhand:** Trommelungen auf dem mittleren Kruppenmuskel entspannen diesen und werden von den meisten Pferden sehr dankbar angenommen. Die Sitzbeinmuskulatur wird mit dem Hobelgriff oder den Schüttelungen gelockert.
  Auch die Gelenke der Hinterhand werden über die Gelenkmassage leistungsfähig gehalten.

Das Islandpferd

Die Besonderheit bei Islandpferden besteht darin, dass sie neben den drei Grundgangarten oft noch über den Tölt und den Pass als weitere Gangarten verfügen. Die dabei sehr oft zu beobachtende hohe Kopfhaltung beansprucht die Muskulatur, die für das Heben des Halses und die Feststellung der Schulter verantwortlich ist. Der Arm-Kopf-Muskel bewirkt in Zusammenarbeit mit der Halsmuskulatur die hohe Aktion der Vordergliedmaßen.

Im Tölt sitzt der Reiter ein wenig wie in einem „Lehnstuhl", da sich die Rückenmuskulatur hier eher wie eine Hängematte verhält. Sie hat nicht die Aufwölbung wie zum Beispiel im Trab oder Galopp. (Foto: Christiane Slawik)

Die Rückenmuskulatur verhält sich im Tölt eher wie eine Hängematte und hat nicht die Aufwölbung wie zum Beispiel im Trab oder Galopp. Dadurch sitzt der Reiter wie im „Lehnstuhl", und die Rückenmuskulatur muss sehr viel Haltearbeit leisten. Es ist wichtig, dass die Lendenwirbelsäulenmuskulatur frei bleibt und nicht vom Sattel bedeckt wird. Hier liegen die Reflexpunkte, die ein Durchbiegen des Rückens nach unten bewirken. Ist der Rücken durchgebogen, nähern sich die Dornfortsätze der Brust- und Lendenwirbelsäule an, was Schmerzen verursacht. Die Rückenmuskulatur kann dann die Haltearbeit nicht mehr verrichten.

Die Hinterhand des Islandpferdes sollte mit einer Mischung aus Tragen und Schieben für die Fortbewegung sorgen. Dafür ist ein gut arbeitender mittlerer Kruppenmuskel notwendig.

Meine Erfahrungen aus der Behandlung vieler Islandpferde zeigen, dass diese oft sehr hart im

Wo darf der Sattel nicht liegen?
Mit der Handkante fährt man entlang des Wirbels in der Flanke bis zur Lendenwirbelsäule. Hier wird die Hand zum Kopf hin umgeklappt. In dem Bereich unter der Handfläche darf der Sattel nicht aufliegen.

Nehmen sind. Ihre Schmerztoleranzgrenze ist sehr hoch, weshalb man als Besitzer sehr genau „hinhören und hineinfühlen“ muss, was das Pferd mitteilt.

Tipps für die Massage:

- **Für den Hals:** Mit Streichungen im Genick anfangen und über den Hals, die Schulterpartie und den Rücken fortfahren bis zur Kruppenmuskulatur. Dabei auf verhärtete Partien in der Muskulatur oder auf sehr warme beziehungsweise sehr kalte Stellen achten. Wärmere Gebiete können auf entzündliche Prozesse hinweisen, kältere Bereiche auf eine schlechte Durchblutung. Der Arm-Kopf-Muskel wird mit Schüttelungen gelockert und der Mähnenkamm geknetet. Hohlhandklopfungen entlang der Oberlinie des Halses erhöhen die Durchblutung in diesem Bereich.
- **Für die Vorhand:** Streichungen sollten auch hier wieder als Erstes durchgeführt werden, danach folgen Drückungen im Bereich des Dreiköpfigen Oberarmmuskels.
  Die Gliedmaßen werden über die Gelenkmassage gepflegt.
- **Für den Rücken:** Reibungen und Hohlhandklopfungen im Rückenbereich und hier insbesondere im Lendenwirbelsäulenbereich fördern die Durchblutung der Muskulatur und verhindern so Verklebungen und Verspannungen.
- **Für die Hinterhand:** Die Gliedmaßen werden mit der Gelenkmassage fit gehalten und die Sitzbeinmuskulatur bleibt über den Hobelgriff elastisch. Der Kruppenmuskel wird mit Trommelungen gelockert.

Das Wanderreitpferd

Beim Wanderreiten hat das Pferd nicht nur das Gewicht des Sattels und des Reiters zu tragen, sondern meistens zusätzlich noch das Gewicht

Mähnenkammknetungen beim Islandpferd.

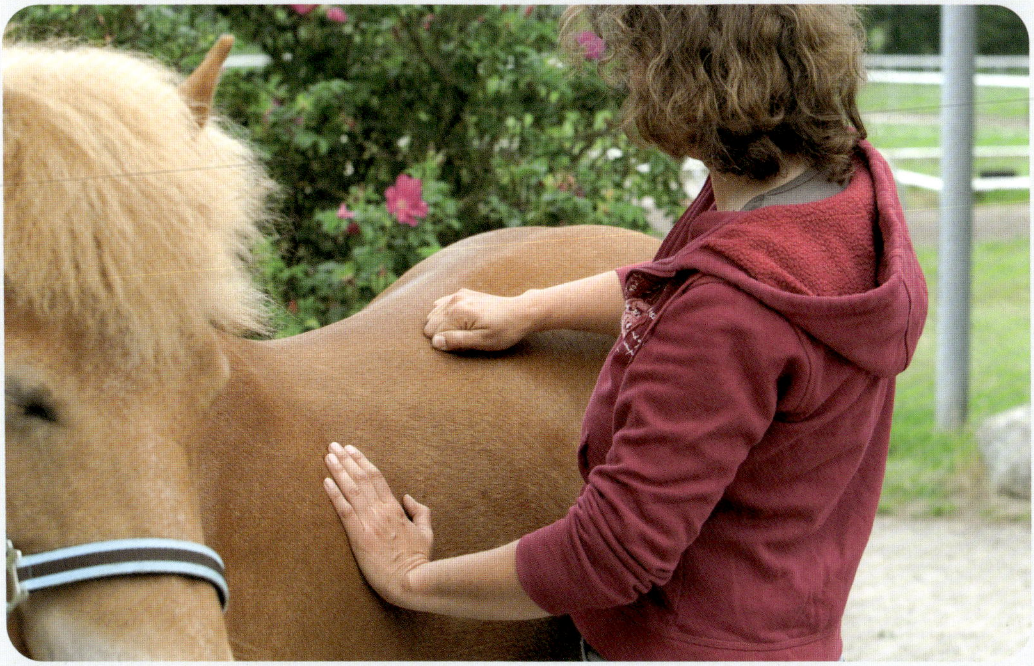

Ausführung der Reibungen im Lendenwirbelsäulenbereich.

Beim Wanderreiten ist es sehr wichtig, das Gewicht auf dem Pferd gleichmäßig zu verteilen.
(Foto: Christiane Slawik)

des Gepäcks – und das über viele Stunden am Tag. Außerordentlich wichtig ist die gleichmäßige Verteilung des Gewichts auf dem Pferd.

Wer es nicht glaubt, der möge einmal mehrere Kilometer mit einem schief gepackten Rucksack herumlaufen. Vereinbaren Sie gleich einen Termin mit Ihrem Physiotherapeuten, denn Ihnen werden hinterher sehr wahrscheinlich die Schulter, der Rücken und vermutlich auch die Hüfte schmerzen.

Beeindruckt hat mich in diesem Zusammenhang eine bekannte Wanderreiterin aus Schleswig-Holstein, die auf das Gramm genau wusste, was jedes einzelne Teil ihrer Ausrüstung wiegt – die Brotdose sogar mit und ohne Inhalt. Die Last wurde grammgenau gleichmäßig verteilt.

Die Rückenmuskulatur muss bei einem Wanderreitpferd sehr gut ausgebildet sein, besonders beansprucht ist die Lendenwirbelsäule, da der Sattel mit den Packtaschen mehrere Stunden und Kilometer auf dem Pferd liegt.

Damit kein Entlastungsdruck entsteht oder es zu Problemen in der Rückenmuskulatur kommt, sollte wie folgt vorgegangen werden:

Zu Beginn einer Tagesetappe sollte das Pferd geführt werden, damit sich Pferd und Reiter ein bisschen einlaufen können. Nach zwei bis drei Reitstunden sollten zehn Minuten Fußmarsch des Reiters folgen, damit sich die Muskulatur des Pferdes, aber auch die des Reiters ein bisschen entspannen kann.

Auch zehn Minuten vor dem Ende der Tagesetappe sollte das Pferd das Reitergewicht loswerden. Der Reiter geht dann den Rest des Weges neben seinem Pferd zu Fuß. Nach Ankunft im Ziel verbleibt der Sattel samt Packtaschen noch etwa eine Viertelstunde auf dem Pferd. Dann wird langsam begonnen, die Packtaschen auszuräumen; schließlich wird der Sattel abgenommen. Dieser Vorgang dauert noch einmal mindestens eine Viertelstunde.

Auch Bänder, Sehnen und Gelenke des Wanderreitpferdes werden stark beansprucht und sollten bei jedem Etappenabschnitt gründlich untersucht werden.

Tipps für die Massage

- **Für den Hals:** Die Streichungen dienen dem Vorbereiten der Muskulatur auf die Massage und gleichzeitig der Kontrolle, ob Verspannungen in diesem Bereich vorliegen. Danach kann die gesamte Halsoberlinie mit Reibungen gelöst und gut durchblutet werden sowie der Arm-Kopf-Muskel mittels Schüttelungen entspannt werden.
- **Für die Vorhand:** Als Erstes beginnen wir wieder mit den Streichungen, wobei insbesondere der Bereich direkt hinter dem Schulterblatt intensiv ausgestrichen werden sollte. Während der Streichungen sollte darauf geachtet werden, ob hier Verquellungen vorliegen, ob dieser Bereich unter Umständen wärmer ist als die Umgebung, ob das Pferd ausweicht oder ob die Muskulatur sich elastisch anfühlt. So kann man frühzeitig feststellen, wenn der Sattel anfängt zu drücken. Sofern keine Druckstellen vorhanden sind, kann mittels der Reibungen in diesem Gebiet die Durchblutung gefördert werden. Zirkelungen oberhalb des Schulterblattes helfen, diesen Bereich locker zu halten.
  Die Vorderbeine können über die Gelenkmassage gepflegt und die Sehnen auf Verletzungen hin überprüft werden.
- **Für den Rücken:** Da der Rücken viel Gewicht über eine lange Zeit zu tragen hat, wird über die Streichungen der Stoffwechsel in

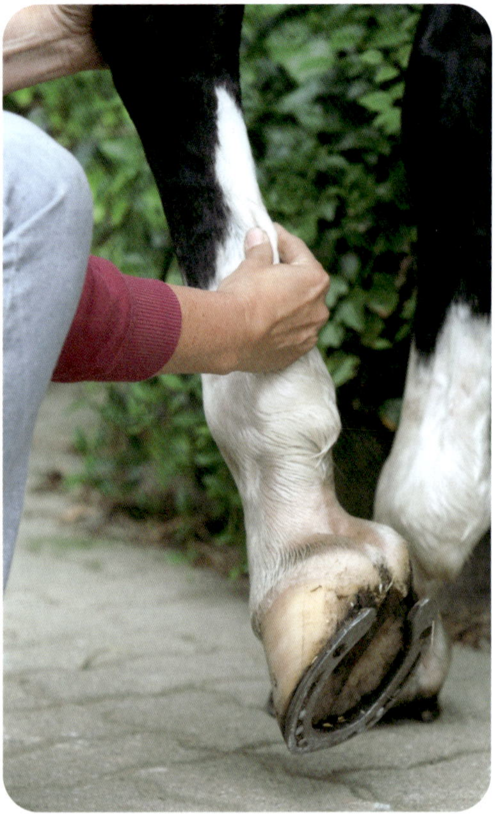

Die Kontrolle der Sehnen sollte vor und nach jedem Wanderritt selbstverständlich sein.

Streichungen hinter dem Schulterblatt.

der Haut und der Muskulatur sowie das gesamte Lymphsystem angeregt. Auch hier sollte das Gebiet auf Verspannungen, wärmere Stellen oder Verquellungen abgesucht werden. Reibungen und Zirkelungen helfen, die Durchblutung zu fördern. Der Harkengriff entspannt die Zwischenrippenmuskulatur.

- **Für die Hinterhand:** Nach den einleitenden Streichungen wird der mittlere Kruppenmuskel mit Trommelungen bearbeitet. Der halbsehnige und der halbhäutige Muskel werden mit dem Hobelgriff gedehnt und massiert, damit dieser Bereich locker und elastisch bleibt.
  Über die Gelenkmassage werden die Gelenke, Bänder und Sehnen der Hinterhand gepflegt. Die Sehnen sollten auch hier auf Verletzungen kontrolliert werden.

Das Voltigierpferd

Voltigierpferde werden fast immer auf einer Kreislinie gearbeitet, wodurch die Gliedmaßen, insbesondere das innere Vorderbein, hohen Belastungen ausgesetzt sind. Je nach den Bodenverhältnissen und Durchmesser der Kreislinie sind Bänder und Sehnen stark beansprucht. Dabei gilt: Je tiefer der Boden und je kleiner der Kreis, desto mehr Belastung müssen Bänder und Sehnen verkraften können. Ist der Boden eher fest, müssen die Gelenke für ausreichende Stoßdämpfung sorgen.

Das Pferd geht über einen längeren Zeitraum in derselben Gangart, entweder im Schritt, wenn Übungen neu einstudiert werden, oder im versammelten, kurzen Galopp, wenn bereits Einstudiertes gefestigt oder vorgeführt wird. Die Hinterhandmuskulatur muss kräftig und elastisch sein, damit sie sich dehnen kann und somit die Hinterhand weit genug unter den Schwerpunkt tritt. Über die Lendenzacke ist der mittlere Kruppenmuskel mit dem langen Rücken-, Hals- und Kopfmuskel verbunden und übt Zug an diesem aus, wenn er sich in Dehnung befindet. Dies wiederum führt dazu, dass die Vorhand angehoben wird.

Der Rücken sollte somit kräftig, aber elastisch sein. Kräftig auch deshalb, da er besonderen Beanspruchungen durch die auf dem Pferd ausgeführten Übungen ausgesetzt ist. Hier erfolgen punktuelle Belastungsspitzen durch Sitzbeine, Knie, Füße und Kopf des Voltigierers. Hinzu kommt eine ungleichmäßige Belastung der Rückenmuskulatur durch das Turnen auf dem Pferd und durch Auf- und Absprünge. Ferner werden zum Voltigieren eher Pferde mit langem Rücken bevorzugt, was die Anfälligkeit gegenüber Muskelproblemen weiter erhöht. Der Hals dient dem Pferd als Balancierstange, sodass auch die Halsmuskulatur mitarbeiten muss, um das Ungleichgewicht während der Übungen auszugleichen.

Hohlhandklopfungen zur Förderung der Durchblutung im Rückenbereich.

Ausritte im Gelände sind für diese Pferde besonders wichtig und entspannend. Im Training sollte außerdem auf beiden Händen longiert werden, um die Einseitigkeit der Belastung zu verringern.

Tipps für die Massage

- **Für den Hals:** Als vorbereitende Maßnahme wird mit Streichungen begonnen und die Muskulatur auf Verspannungen hin untersucht. Mähnenkammknetungen fördern den Lymphabfluss in diesem Bereich.
  Die Oberlinie des Halses wird mittels Reibungen gut durchblutet, wobei die Reibungen im Genickbereich sehr vorsichtig, also mit sehr wenig Druck erfolgen sollten. Ab einer Handbreit hinter den Ohren können die Reibungen dann mit mehr Druck ausgeführt werden.
  Zur Erinnerung: Achten Sie unbedingt darauf, was das Pferd Ihnen sagt. Wird es unruhig, ist der Druck zu stark; entspannt es sich, machen Sie es richtig.
  Der Arm-Kopf-Muskel kann über die Schüttelungen gelockert werden.
- **Für die Vorhand:** Die gesamte Vorhand wird mit Streichungen gründlich massiert, danach werden mittels Gelenkmassage die Vorderbeine bearbeitet. Hier ist besonders darauf zu achten, dass die Sehnen mit ausgestrichen werden.
- **Für den Rücken:** Den Rücken mittels Streichungen vorbereiten und auf Verspannungen und schmerzhafte Stellen absuchen. Reibungen, Zirkelungen – Sie können hier sowohl Finger- als auch Handballenzirkelungen verwenden – und Hohlhandklopfungen helfen,

den Rücken dehnbar und elastisch zu halten. Schmerzhafte Stellen, die durch punktuelle Überlastung bei den Übungen entstanden sind, können durch diese Massagegriffe gelindert werden.
Die Zwischenrippenmuskulatur wird über den Harkengriff gelockert.

- **Für die Hinterhand:** Nach einleitenden Streichungen kann der mittlere Kruppenmuskel über die Trommelungen gelockert werden. Die Sitzbeinmuskulatur, hier der halbsehnige Muskel und der halbhäutige Muskel, kann über den Hobelgriff, über Knetungen oder Schüttelungen gut durchblutet und damit dehnbar und elastisch gehalten werden.
  Die Hinterbeine werden über die Gelenkmassage gepflegt, wobei wiederum den Sehnen besondere Aufmerksamkeit gilt.

Das Springpferd

Im Springsport gibt es vor allem zwei Momente, die dem Pferd und seiner Muskulatur unterschiedliche Höchstleistungen abverlangen: die Phase des Absprungs und die Phase der Landung.

Beim Absprung dient die Vorhand als Stütze sowie die Streckung des Fesselgelenks als Triebfeder, um die Vorhand vom Boden abzuheben und damit das Gewicht auf die Hinterhand zu verlagern. Beansprucht werden hier unter anderem die Streckmuskeln der Schulter, wie der Obergrätenmuskel und der Zweiköpfige Oberarmmuskel sowie der Streckmuskel des Ellenbogengelenks, der Dreiköpfige Oberarmmuskel.

Ist die Vorhand in der Luft, müssen die Vordergliedmaßen sozusagen eingeklappt werden, um nicht das Hindernis zu reißen. Hierfür ist der Arm-Kopf-Muskel verantwortlich, der hilft, die Vordergliedmaßen nach oben und nach vorn zu bewegen.

Die Muskulatur der Oberlinie des Pferdes vom Genick über den Rücken bis zur Kruppe muss entsprechend arbeiten, um den Rücken so weit wie möglich aufzuwölben und damit der Vorhand zu helfen, vom Boden abzuheben. Durch Vorstrecken des Halses balanciert sich das Pferd aus.

Die Hinterhand wird in der Phase des Absprungs unter den Körper gebracht, um das gesamte Körpergewicht aufzunehmen. Eine große Belastung tragen die Sehnen der Hinterhand und die Streckmuskulatur der Hinterhand, der Zweiköpfige Oberschenkelmuskel, der halbsehnige Muskel und der halbhäutige Muskel, der direkt neben dem halbsehnigen Muskel auf der Innenseite des Oberschenkels liegt.

Für die Kraftentfaltung beim Absprung sorgen zudem die Streckung des Kniegelenks durch den Kniegelenkstrecker (auch als Vierköpfiger Oberschenkelmuskel bezeichnet) und die Streckung des Sprunggelenks durch den Wadenmuskel.

Bei der Landung lastet das Hauptgewicht zunächst auf der Vorhand, und zwar sogar nur auf einem einzigen Vorderbein. Da die Vordergliedmaßen nicht fest mit dem Rumpf verbunden sind, sondern nur über Muskeln, Sehnen und Bänder, dient der Sägemuskel als Sprungtuch des nach vorn geschleuderten Rumpfes. Die oberflächliche und die tiefe Brustmuskulatur dienen ebenfalls der Verspannung des Rumpfes zwischen den Vordergliedmaßen und sind bei der Landung stark beansprucht. Neigt das Pferd dazu, unter Stress den Atem anzuhalten, können sich die Zwischenrippenmuskeln verspannen und so die Atmung insgesamt einschränken.

Beim Absprung lastet sehr viel Gewicht auf der Hinterhand. (Foto: Christiane Slawik)

Selbst bei kleineren Sprüngen ist die Belastung auf der Vorhand im Moment der Landung enorm. (Foto: Christiane Slawik)

Ausführung der Zirkelungen am Dreiköpfigen Oberarmmuskel.

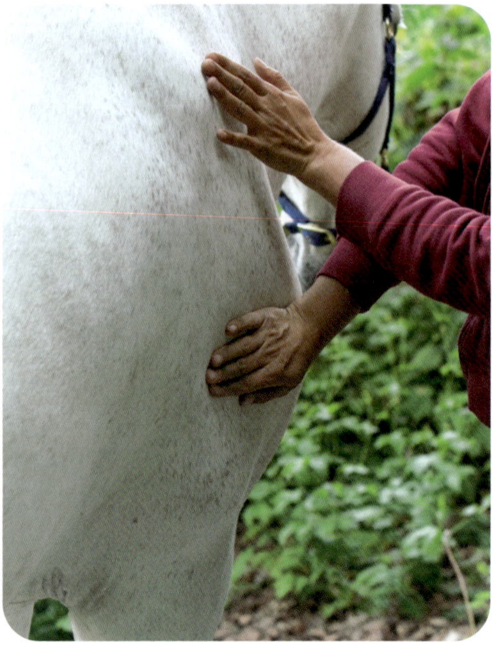
Ausführung der Streichungen an der gesamten Schulterpartie.

Tipps für die Massage:

- **Für den Hals:** Zum Aufwärmen dienen die Streichungen, danach sind Finger- oder Handballenzirkelungen angezeigt. Wohltuend für Springpferde sind außerdem Schüttelungen des Arm-Kopf-Muskels oder Zweihandknetungen am lockeren Muskel.
- **Für die Vorhand:** Streichungen der gesamten Schulterpartie sowie der Brustmuskulatur. Die oberflächliche Brustmuskulatur kann nach den Streichungen auch durch Schüttelungen gelockert werden.

Vorsicht bei der Massage der oberflächlichen und tiefen Brustmuskulatur: Manche Pferde mögen das nicht und versuchen zu beißen.

Am Dreiköpfigen Oberarmmuskel können Zirkelungen durchgeführt werden. Achten Sie darauf, dass Sie immer auf dem Muskel bleiben und keine Knochenstrukturen massieren.

Die Gelenkmassage pflegt die sehr stark beanspruchten Vordergliedmaßen. Beachten Sie neben den Gelenken besonders die oberflächlichen und tiefen Beugesehnen. Sie sollten grundsätzlich vor und nach dem sportlichen Einsatz auf Verletzungen kontrolliert werden.

- **Für den Rücken:** Es wird wieder mit den Streichungen begonnen, dann folgen Reibungen und Zirkelungen am Rückenteil des langen Rücken-, Hals- und Kopfmuskels. Mittels

Harkengriff werden die Zwischenrippenmuskeln entspannt; dadurch wird das Atemvolumen erhöht.

- **Für die Hinterhand:** Nach Streichungen entlang der gesamten Hinterhand kann der mittlere Kruppenmuskel durch Trommelungen gelockert werden. Die Sitzbeinmuskulatur wird durch den Hobelgriff durchblutet, damit wird eine gute Elastizität hergestellt. Die Dehnbarkeit dieser Muskulatur ist wichtig, um Verletzungen beim Absprung zu vermeiden. Die Gelenkmassage wird wie bei der Vorhand durchgeführt.

Sehnenmassage der oberflächlichen und tiefen Beugesehne.

Das Vielseitigkeitspferd

Das Vielseitigkeitspferd muss in der Lage sein, in drei Disziplinen Höchstleistungen zu erbringen: in der Dressur, im Springen und im Gelände. Das bedeutet: Das Pferd muss ausreichend Tragkraft in der Hinterhand haben, um die Dressur und das Springen absolvieren zu können, aber auch genug Ausdauer, um die Geländestrecke zu bewältigen. Insofern gelten die Hinweise zum Springpferd, zum Dressurpferd und zum Distanzpferd sowie die Tipps für die Massage entsprechend, auch wenn der geforderte Versammlungsgrad bei der Dressurprüfung des Vielseitigkeitspferdes nicht so hoch ist wie bei der Prüfung eines Dressurpferdes.

Tipps für die Massage

Die Massage, insbesondere die Streichungen, kann bei Vielseitigkeitspferden rechtzeitig auf Probleme aufmerksam machen. Da innerhalb kürzester Zeit hohe Ansprüche an unterschiedliche Muskeln gestellt werden, kann es zu Stoffwechselproblemen in der Muskulatur kommen. Je frühzeitiger die Problematik bemerkt wird, desto schneller kann der Tierarzt gerufen und dem Pferd geholfen werden.

Da die Hindernisse auf der Geländestrecke fest eingebaut sind und zusätzlich noch ein Springparcours bewältigt werden muss, sind die Gelenke über die Gelenkmassage vor und nach dem sportlichen Einsatz gut zu kontrollieren und zu pflegen. Ganz wichtig wäre es, vorher und anschließend die Sehnen zu massieren und damit die Durchblutung in diesem Bereich zu fördern.

Um das Atemvolumen zu erhöhen, kann die Zwischenrippenmuskulatur mittels Harkengriff entspannt werden.

Das Westernpferd

Im Westernbereich gibt es zahlreiche Disziplinen, bei denen verstärkt über den Einsatz der Hinterhand gearbeitet wird. Sehnen, Bänder und Gelenke müssen für ein schnelles Drehen „um

Dreht sich das Pferd schnell um seine eigene Achse, müssen Bänder, Sehnen und Gelenke sehr elastisch und belastbar sein. (Foto: Christiane Slawik)

die eigene Achse“ (Spins) kräftig, geschmeidig und belastbar sein. Für schnelle Wendungen und Sliding Stops ist es notwendig, dass die Muskeln der Vorhand sich gut dehnen lassen. Auch hier müssen Sehnen, Bänder und Gelenke starke Belastungen abfangen können.

Bei Quarter Horses mit kurzem Rücken ist darauf zu achten, dass der Sattel nicht in die Reflexpunkte im Lendenwirbelsäulenbereich drückt. Diese Reflexpunkte veranlassen das Pferd, den Rücken wegzudrücken. Grundsätzlich gilt natürlich auch für Westernpferde: Die Rückenmuskulatur muss sich dehnen lassen, damit der mit ihr verbundene mittlere Kruppenmuskel sowie die Sitzbeinmuskeln sich dehnen können und somit dazu beitragen, dass die Hinterhand weit genug unter den Körper gesetzt werden kann.

Wie man leicht testen kann, ob der Sattel zu lang ist, wird auf Seite 102 beschrieben.

Tipps für die Massage

- **Für den Hals:** Begonnen wird mit den Streichungen; dabei gleich darauf achten, ob sich Verspannungen in der Muskulatur ertasten lassen. Danach folgen Drückungen am Mähnenkamm oder, wenn dieser sehr fest sein sollte, auch Mähnenkammknetungen. Der Arm-Kopf-Muskel kann geschüttelt oder, sofern er locker ist, ebenfalls mit Knetungen gut durchblutet werden. Der Halsbereich dazwischen kann mit Fingerzirkelungen bearbeitet werden.
- **Für die Vorhand:** Die Vorbereitung erfolgt wiederum durch die Streichungen, dann wird im Bereich des Dreiköpfigen Oberarmmuskels mit Drückungen gearbeitet. Wenn der Dreiköpfige Oberarmmuskel locker ist, können hier die unter der Haut meist gut fühlbaren und sichtbaren Muskelbäuche vorsichtig umfasst und geknetet werden.
  Die Gelenke, Bänder und Sehnen werden über eine sorgfältige Gelenkmassage gut gepflegt und fit gehalten.

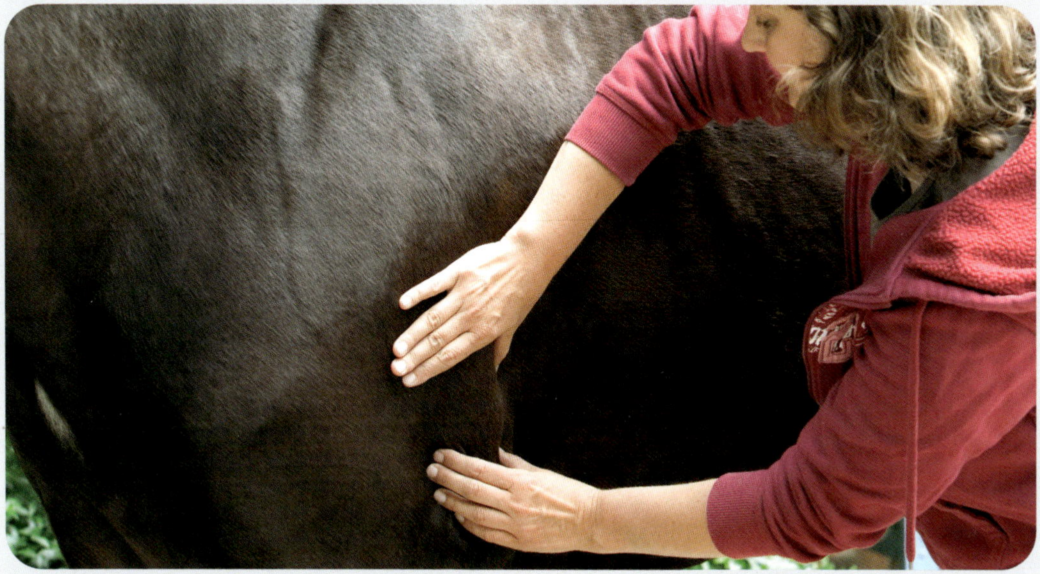

Ausführung der Knetungen am Dreiköpfigen Oberarmmuskel.

- **Für den Rücken:** Über die Streichungen wird die Rückenmuskulatur für die weitere Massage aufgewärmt und ebenfalls auf Verspannungen hin untersucht. Reibungen und Handballenzirkelungen lösen eventuell vorhandene Verspannungen und sorgen für eine gute Durchblutung in diesem Bereich. Der Harkengriff entspannt die Zwischenrippenmuskulatur, sodass die Pferde immer tief durchatmen können.
- **Für die Hinterhand:** Auch hier wird wieder mit den Streichungen begonnen, danach folgen die Trommelungen am mittleren Kruppenmuskel. Die Sitzbeinmuskulatur wird über den Hobelgriff gut durchblutet und elastisch gehalten. Eine lockere Sitzbeinmuskulatur erleichtert dem Pferd das Abkippen des Beckens. Die Bänder, Sehnen und Gelenke der Hinterhand werden mittels Gelenkmassage bearbeitet.

Das Fahrpferd

Unter dem Begriff Fahren kann man einige Disziplinen zusammenfassen. So gibt es zum Beispiel Kaltblutpferde, die für den Arbeitseinsatz angespannt werden, oder Warmblutpferde, die mehrspännig im Gelände einen Parcours durchqueren. Es gibt Kutschpferde, die Touristen durch die Stadt transportieren oder am Vatertag den Kremser ziehen.

Allen gemeinsam ist die wichtige Arbeit des breiten Rückenmuskels. Er verhindert im schweren Zug das Aufkrümmen der Wirbelsäule und unterstützt gleichzeitig das Vorwärtsstemmen des Rumpfes. Er ist aber auch am Vorziehen des Rumpfes beteiligt, wenn die Vordergliedmaßen gegen den Boden gestemmt werden, also zum Beispiel, wenn die Kutsche eine Anhöhe hinaufgezogen wird.

Bei Fahrpferden leistet der breite Rückenmuskel viel Arbeit. Er verhindert das Aufkrümmen der Wirbelsäule beim Anziehen. (Foto: Christiane Slawik)

Ferner muss die Muskulatur der Vorhand ganze Arbeit leisten, wenn das Gefährt angezogen wird und sie den Rollwiderstand überwinden muss. Dieser liegt bei circa zehn Prozent des gesamten Kutschengewichtes. Außerdem ist eine kräftige Hinterhand notwendig, um den Schub aus der Hinterhand zu holen, über den Rücken weiterzuleiten und in die Bewegung nach vorn umzusetzen.

Muskulatur, die während der Arbeit nicht richtig durchblutet wird, zum Beispiel wegen eines zu eng sitzenden Geschirrs, fällt in sich zusammen und ist dann nicht mehr ausreichend leistungsfähig. Hier dient dic Massage auch der Kontrolle, ob sämtliche Muskeln nun uneingeschränkt arbeiten können.

Sowohl bei Pferden, die im Gelände unterwegs sind, als auch bei Pferden, die auf Asphalt laufen, sind gute Gelenke, Bänder und Sehnen erforderlich. Sie müssen Unebenheiten im Gelände ausgleichen und auf hartem Boden die kräftigen Stöße abfangen können. Hierzu muss die gesamte Muskulatur rund um den Unterarm kräftig sein, ausgehend davon sollten auch die daran anschließenden Sehnen und der Fesseltragapparat gefestigt werden. Es gibt zwar keine Nachweise dafür,

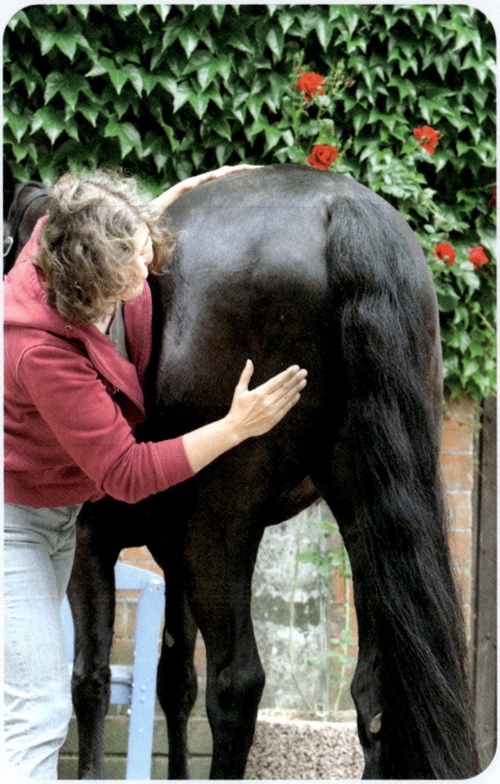

Schüttelungen an der Sitzbeinmuskulatur halten diese elastisch, damit sie sich gut dehnen kann.

dass eine kräftige Vorhandmuskulatur auch kräftige Sehnen nach sich zieht, es ist aber davon auszugehen, dass bei einem guten Muskelaufbau auch die Sehnen mittrainiert werden.

Tipps für die Massage

- **Für den Hals:** Auch hier stehen die Streichungen wieder an erster Stelle, da sie die Muskulatur anwärmen, den Stoffwechsel anregen und das Lymphsystem entstauen. Bei der Ausführung der Streichungen sollte auf tastbare Verspannungen in der Muskulatur geachtet werden, auf Stellen im Gewebe, die wärmer oder kälter sind, sowie auf schmerzhafte Bereiche, die auf Probleme mit dem Geschirr hinweisen können.
  Die gesamte Oberlinie, beginnend eine Handbreit hinter den Ohren, den Hals entlang zum Rücken, über die Kruppe und bis zur Sitzbeinmuskulatur, kann mittels Reibungen gut durchblutet und gelockert werden. Der Arm-Kopf-Muskel wird mithilfe von Schüttelungen gelöst. Ferner kann im oberen Halsbereich über Mähnenkammdrückungen gearbeitet werden.
- **Für die Vorhand:** Nach Durchführung der Streichungen werden im Bereich des Dreiköpfigen Oberarmmuskels durch Drückungen vom Körper nicht mehr benötigte Stoffe herausgepresst und durch abwechselnd eingefügte Streichungen in das Lymphsystem abtransportiert. Die Gelenke und Sehnen können mit der Gelenkmassage gepflegt und auf Schädigungen nach dem Arbeits- oder Sporteinsatz untersucht werden.
- **Für den Rücken:** Nach ausführlichen Streichungen dringt man mit Finger- oder Handballenzirkelungen tiefer in die Rückenmuskulatur ein, mit dem Ziel, diese immer wieder zu lockern, sodass die Leistungsfähigkeit erhalten bleibt.
  Die Zwischenrippenmuskulatur sollte mittels Harkengriff entspannt werden, damit sich der Brustkorb ausreichend weit dehnen kann und die Atmung nicht behindert wird.
- **Für die Hinterhand:** Nach Durchführung der Streichungen wird der mittlere Kruppenmuskel über Trommelungen und die Sitzbeinmuskulatur über Schüttelungen gelockert.
  Auch die Gelenke an der Hinterhand können über die Gelenkmassage gepflegt werden.

Das Polopony

Polo ist ein äußerst rasanter Sport, bei dem die Pferde schnell auf der Hinterhand sehr enge Wendungen ausführen und kurzfristige einseitige Gewichtsverlagerungen ausgleichen müssen. Hierfür ist es erforderlich, dass die gesamte Hinterhandmuskulatur gut trainiert, aber elastisch und locker ist.

Der halbsehnige Muskel sowie der danebenliegende halbhäutige Muskel müssen sich gut dehnen lassen, ebenso der mittlere Kruppenmuskel. Dieser ist über einen Fortsatz, die sogenannte Lendenzacke, mit dem langen Rücken-, Hals- und Kopfmuskel verbunden. Diese beiden Muskeln bilden in der Bewegung eine Einheit: Dehnt sich der mittlere Kruppenmuskel, übt er einen Zug am langen Rücken-, Hals- und Kopfmuskel aus, der dadurch wiederum die Vorhand anhebt. Ist die Rückenmuskulatur verspannt und kann sich nicht entsprechend dehnen, behindert das die Hinterhandmuskulatur, und die gesamte Hinterhand kann nicht weit genug untertreten, um die Körperlast zu tragen.

Die Muskulatur im Lendenbereich ist bei schnellen Wendungen, Stopps und Gewichtsverlagerungen stark beansprucht. Besonders betroffen sind hier der Lendenteil des langen Rücken-, Hals- und Kopfmuskels und die Lendenzacke des mittleren Kruppenmuskels sowie die innere Lendenmuskulatur. Es ist besonders wichtig, dass die Muskulatur im Lendenbereich locker bleibt, denn liegen hier Verspannungen vor, drückt die zusammengezogene Muskulatur die Lendenwirbelsäule in diesem Bereich zusammen. Diese weicht nach oben aus und es kommt zu einer sichtbaren Wölbung des Lendenbereichs nach oben. Weiterhin sind zum Ausgleich der Stopps und Wendungen gesunde, ausgeprägte Gelenke, Bänder und Sehnen erforderlich.

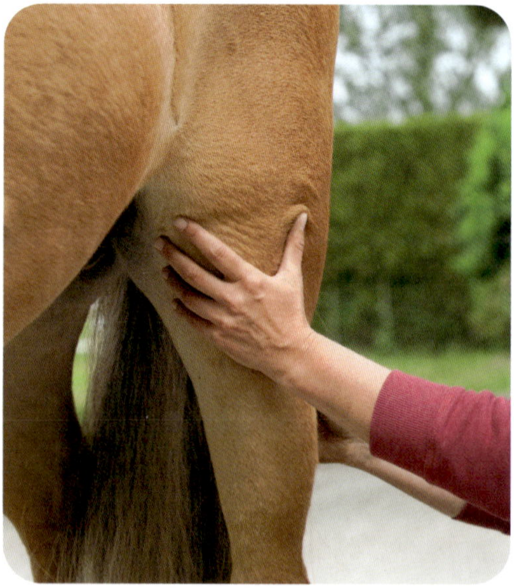

Ausführung der Gelenkmassage am Knie.

Das Pferd benötigt seinen Hals als Balancierstange, sodass für die im Polo erforderlichen schnellen Wendungen und plötzlichen einseitigen Gewichtsverlagerungen die Hals- und Genickmuskulatur wichtig ist.

Tipps für die Massage

- **Für den Hals:** Mit Streichungen wird die Massage eingeleitet und darauf geachtet, ob Verspannungen im Genick und Halsbereich vorliegen.
  Der Mähnenkamm wird geknetet, damit sich die Halsmuskulatur und das Nackenband entspannen sowie das Lymphsystem angeregt wird. Der Arm-Kopf-Muskel wird mittels Schüttelungen immer wieder gelockert.

Im Bereich der Genickmuskulatur können Reibungen mit sehr wenig Druck helfen, Verspannungen und Verklebungen zu verhindern.

- **Für die Vorhand:** Über die Streichungen vorbereitet, kann der Bereich des Dreiköpfigen Oberarmmuskels mit Drückungen gelöst werden. Die Gelenke werden mit der Gelenkmassage gepflegt.
- **Für den Rücken:** Streichungen bereiten auf die tiefer gehenden, lösenden Massagegriffe vor. Danach erfolgen Reibungen im gesamten Rückenbereich entlang der Wirbelsäule, insbesondere die Lendenwirbelsäulenregion muss große Aufmerksamkeit erhalten. Hier können Sie einige Male vor und zurück reiben.
Danach erfolgen Zirkelungen mit ganz besonders intensiver Bearbeitung des Lendenwirbelsäulenbereichs. Zum Abschluss wird mittels Hohlhandklopfungen der gesamte Rückenbereich und wiederum besonders der Lendenwirbelsäulenbereich gelockert und gelöst. Die Zwischenrippenmuskulatur wird über den Harkengriff entspannt.
- **Für die Hinterhand:** Mittels Streichungen wieder vorarbeiten sowie den mittleren Kruppenmuskel über Trommelungen lockern. Die Sitzbeinmuskulatur über den Hobelgriff bearbeiten und so die Dehnbarkeit dieser Muskelgruppe erhalten. Die Gelenkmassage wird auch an der Hinterhand eingesetzt. Nicht vergessen, die Knie des Pferdes mit zu umfahren.

Das Fohlen

Fohlen können über die Massagegriffe schon an die angenehmen Seiten der Menschenhand gewöhnt werden, insbesondere daran, dass sie sich später überall anfassen lassen. Das Körpergefühl kann gestärkt werden und man kann ganz nebenbei kontrollieren, ob während der Aufzuchtphase alles in Ordnung ist oder ob schmerzhafte Bereiche erkennbar sind.

Man hat bei Versuchen festgestellt, dass das Ablecken von neugeborenen Tieren durch die Mutter nicht nur einen Reinigungsaspekt hat, sondern auch überlebenswichtig ist. Besonders im Bereich der Dammregion (dem Gebiet zwischen den äußeren Geschlechtsteilen und dem After) fördert das Ablecken die Arbeit des Urogenitalsystems sowie der Verdauungsorgane. Es wurde beobachtet, dass die Tierkinder sterben, wenn die Mutter das Belecken in diesem Bereich unterlässt, sofern es nicht durch etwas Entsprechendes, zum Beispiel das Streicheln einer menschlichen

Über die Streichungen kann das Körpergefühl des Fohlens gestärkt werden und es lernt die angenehmen Seiten der Menschenhand kennen.

Hand, ersetzt wird. Weiterhin wurde festgestellt, dass Lecken und andere Zärtlichkeiten des Muttertiers die Durchblutung der Nieren anregen und dadurch die Harnausscheidung verstärkt wird.

Tipps für die Massage

Werden die Streichungen vom Kopf bis zum Schweifansatz in langen ruhigen Strichen ausgeführt, stärkt dies das Körpergefühl des Fohlens. An den Ohren beginnt man ganz vorsichtig mit der Ohrmassage. Dies bereitet das Fohlen auf spätere Zeiten vor, wenn es sich an den Ohren anfassen lassen muss und an das Zaumzeug gewöhnt wird.

Wird es vorsichtig an die Gelenkmassage herangeführt und lernt es, diese zu genießen, ist schon ein wichtiger Grundstein für die spätere Arbeit mit dem Pferd gelegt.

Entlang der Oberlinie vom Hals über den Rücken bis zur Kruppe können oberflächliche Zirkelungen ausgeführt werden. Das bedeutet, dass fast nur die Haut verschoben wird, ohne den Druck in die Tiefe zu verstärken. So ausgeführt, wirkt der Massagegriff beruhigend auf das Nervensystem.

Insgesamt sind alle Massagegriffe sehr vorsichtig und in kurzen Einheiten auszuführen. Das Fohlen ist nach und nach und ohne Zwang an die Massage in einer großen Box oder auf der Stallgasse ausschließlich mit der Mutterstute zusammen und ohne weiteres zwei- oder vierbeiniges Publikum zu gewöhnen. Es ist ganz besonders darauf zu achten, was das Fohlen anzeigt – wenn es ihm angenehm ist, ist alles in Ordnung. Zeigt es an, dass ihm die Massagegriffe unangenehm sind, kontrollieren Sie, ob Sie die Griffe richtig ausführen, insbesondere, ob mit zu viel Druck gearbeitet wird.

Merke:
Ein bis zwei Wochen nach der Geburt können dem Fohlen die ersten vorsichtigen Massageansätze nahegebracht werden. Es ist hier ganz besonders darauf zu achten, dass die Massage dem Fohlen immer angenehm ist.

Das alte Pferd

Alte Pferde genießen Massagen oft ganz besonders, da ihr Stoffwechsel insgesamt langsamer verläuft und die Gelenke meistens anfangen zu schmerzen. Mit Massagen kann der Stoffwechsel angeregt und damit das Herz entlastet werden, zudem werden Schmerzen in den Gelenken gelindert. Schmerzen führen außerdem zu einem eingeschränkten Körpergefühl. Dies kann über die Massage wieder gestärkt werden.

Aufgrund der Bewegungseinschränkungen, die sich bei vielen älteren Pferden einstellen, wird auch die Muskulatur abgebaut, was zur Entstehung eines Senkrückens führen kann. Ferner können alte Pferde Atembeschwerden entwickeln.

Massagen vor und nach der Arbeit können dem alten Pferd die Arbeit deutlich erleichtern und die Lebensqualität erheblich verbessern.

Tipps für die Massage

Die Streichungen werden in langen Strichen ausgeführt, um das Körpergefühl des alten Pferdes zu verbessern. Man beginnt im Genick hinter den

Auch Pferdesenioren wie diese über 30 Jahre alte Stute profitieren sehr von Massagen.

Ohren und streicht dann über den Hals, die Vorhand, den Rücken und die Hinterhand. Die Ohren streicht man mittels der Ohrmassage ab.

Vorder- und Hinterbeine werden mittels Gelenkmassage bearbeitet. Die Durchblutung der Rückenmuskulatur kann über die Reibungen verbessert werden und der Harkengriff entspannt die Zwischenrippenmuskulatur. Hierdurch kann die Atmung verbessert werden.

Der Hobelgriff entspannt den halbsehnigen und den halbhäutigen Muskel. Das erleichtert dem alten Pferd das Aufheben der Hinterhand bei der Hufbearbeitung.

Mit den isometrischen Übungen können bis zu einem gewissen Grad Muskeln aufgebaut werden, ohne dass sich das Pferd bewegt. Zum Aufbau der Bauch- und Rückenmuskulatur werden die Hände kurz unterhalb der Sitzbeinhöcker aufgelegt, dann wird mit beiden Händen leichter Druck ausgeübt. Beobachten Sie, wie sich Bauch- und Rückenmuskulatur anspannen und dann wieder entspannen, wenn Sie langsam (!) nach etwa zehn Sekunden wieder loslassen. Da Sie bei dieser Übung hinter dem Pferd stehen, ist besondere Vorsicht geboten. Verzichten Sie darauf, wenn das Pferd nervös und unruhig ist.

Die Übungen sollten Sie anfangs dreimal wiederholen, nach circa einer Woche dann steigern auf fünf Wiederholungen. Es wäre gut, wenn man die Übungen täglich machen könnte.

Wichtig ist, dass Sie nicht zu viel Druck ausüben. Wenn das Pferd nach vorn oder seitlich wegtritt, dann drücken Sie zu stark. Ferner ist darauf zu achten, dass das Loslassen langsam erfolgt, damit das Pferd nicht den Halt verliert.

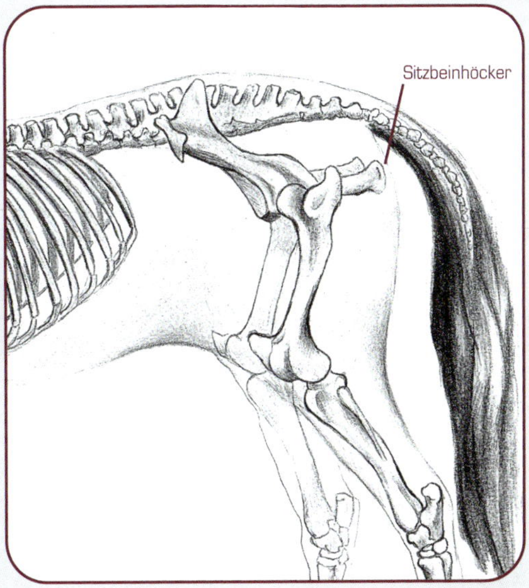

Die richtige Position für Ihre Hände bei den isometrischen Übungen ist kurz unter den Sitzbeinhöcker des Pferdes. (Zeichnung: Denmann)

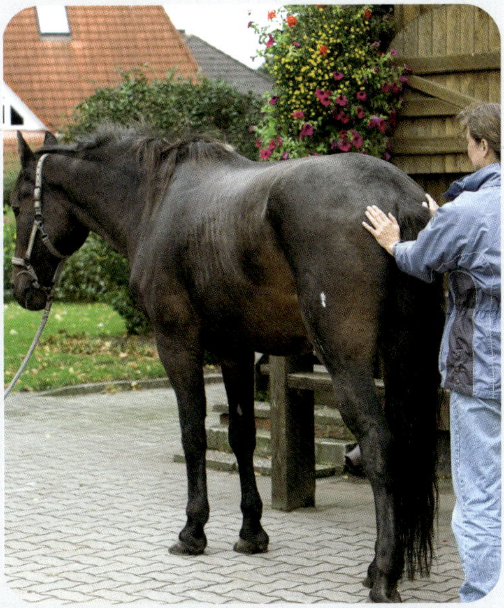

Isometrische Übungen für die Bauch- und Rückenmuskulatur: Legen Sie die Hände kurz unterhalb der Sitzbeinhöcker auf und üben leichten Druck aus, bis sich der Rücken leicht aufwölbt. Nach circa zehn Sekunden ganz langsam wieder loslassen.

Ein paar Worte zum Schluss

Pferde können nicht schreien und uns auch nicht durch Worte mitteilen, wenn sie Schmerzen haben. Von daher wäre es mein Wunsch, dass jeder Pferdebesitzer über die Massage für sich die Möglichkeit nutzt, seine Sensibilität für kleinste Veränderungen im Pferdekörper und -verhalten zu stärken.

Nach jahrelanger Erfahrung in der Tierphysiotherapie habe ich festgestellt, dass beinahe ausnahmslos alle Pferde die Massage dankend annehmen und sie nach etwas Eingewöhnungszeit sogar einfordern. Ich habe Pferde als Patienten, die ich schon länger betreue, die nach kurzer Zeit in einen Zustand tiefer Entspannung fallen, wenn ich mit der Arbeit beginne. Sie wissen genau, wofür ich da bin und dass jetzt die Zeit zum Genießen gekommen ist.

Es würde mich freuen, wenn es mit diesem Buch gelingt, Ihnen und Ihrem Pferd ebenfalls zu einer solchen fast meditativen Entspannung zu verhelfen und die Freude an der gemeinsamen Arbeit zu steigern.

Teilen Sie mir Ihre Erfahrungen über www.tierphysiotherapie-berlin.de mit, ich freue mich auf Ihre Berichte. Sollte Ihnen die Massagepraxis so viel Spaß machen, dass Sie eine professionelle Grundlage anstreben, dann besuchen Sie die Internetseite www.animal-check.de, auf der Sie Informationen über Ausbildungsmöglichkeiten unter meiner Leitung bekommen.

Anhang

Tipps zum Weiterlesen

Jaki Bell/Cathy Tindall: Shiatsu für Pferde.
Hilfe bei Muskelproblemen und Verspannungen.
Cadmos: Schwarzenbek, 2006.

Christina Fritz: Touch for Health am Pferd.
Gesundheit und Energie für das Pferd.
Cadmos: Schwarzenbek, 2010.

Claudia Jung: Wenn Pferde älter werden.
So bleibt der Senior gesund und fit.
Cadmos: Schwarzenbek, 2008.

Klaus Loeffler: Anatomie und Physiologie
der Haustiere. Ulmer: Stuttgart, 2002.

Anke Rüsbüldt: Pferdeanatomie.
Einfach und übersichtlich.
Cadmos: Schwarzenbek, 2005.

Donna Rae Siegfried: Biologie für Dummies.
Wiley: Weinheim, 2007.

Robert Stodulka: Medizinische Reitlehre.
Trainingsbedingte Probleme verstehen,
vermeiden, beheben.
Parey: Stuttgart, 2006.

Kontakt zur Autorin

Claudia Jung
Tierphysiotherapeutin
claudia_jung@arcor.de
www.tierphysiotherapie-berlin.de

Register

CADMOS Pferdebücher

Dr. SAbine Sachs

OSTEOPATHIE FÜR PFERDE

Die Osteopathie für Pferde nimmt als manuelle Heilmethode mittlerweile einen festen Platz neben der Schulmedizin ein. Fast alle großen und renommierten Pferdekliniken Deutschlands arbeiten inzwischen mit Osteopathen zusammen. Dieses Buch richtet an Reiter. Es erklärt, wie Blockaden entstehen können, welche Auswirkungen sie auf die Beweglichkeit der jeweiligen Körperpartien haben und welche reiterlichen Probleme sich daraus ergeben können.

128 Seiten, farbig, gebunden
ISBN 978-3-8404-1015-4

Claudia Jung

WENN PFERDE ÄLTER WERDE

„Man ist so jung, wie man sich fühlt" – dieser Spruch gilt nicht nur für Menschen, sondern ebenso auch für Pferde. Damit auch ältere Pferde so lange wie möglich fit und gesund bleiben, gibt die Autorin in diesem Buch eine Fülle wertvoller Ratschläge, die von der bedarfsgerechten Fütterung über Wohlfühlmassagen bis hin zur dem Alter angepassten Bewegung an der Hand und unter dem Sattel reichen.

128 Seiten, farbig, broschiert
ISBN 978-3-86127-452-0

Dr. Christina Fritz

TOUCH FOR HEALTH

Touch for Health ist eine traditionell Chinesische Behandlung, die seit Jahren unter den alternativen Methoden für Menschen ein Begriff ist. Man kann Sie jedoch auch auf das Pferd anwenden. Die Ursachen von Krankheiten und Verhaltensauffälligkeiten werden über den kinesiologischen Muskeltest gesucht und auf sanfte Art beseitigt. Wenn wir die körperlichen und seelischen Anliegen unserer Pferde verstehen, können wir helfend eingreifen und eine harmonische Pferd-Mensch-Beziehung aufbauen.

160 Seiten, farbig, gebunden
ISBN 978-3-8404-1001-7

Marlitt Wendt

WIE PFERDE FÜHLEN UND DENKEN

Die Welt mit Pferdeaugen sehen – wie fühlen und denken unsere Pferde? Dieses Buch beantwortet diese Frage umfassend und hilft dabei, Reaktionen und Verhalten von Pferden besser zu verstehen. Eine Chance, auf dieser Grundlage die Beziehung zum „Phänomen Pferd" neu zu definieren, sie aus der Sicht des Pferdes zu erleben und sie besser zu gestalten.

112 Seiten, farbig, gebunden
ISBN 978-3-86127-457-5

Anne Schmatelka

ÜBER DEN RÜCKEN

Rückenprobleme und Kissing Spines sind häufige Diagnosen bei Reitpferden, meist entstanden durch fehlerhafte Ausbildung. Oft gelten die betroffenen Pferde als unreitbar. Dass dies nicht so sein muss und dass es möglich ist, ein ehemals rückenkrankes Pferd wieder zu reiten und weiter auszubilden, erläutert dieses Buch. Die Autorin bezieht dabei moderne Erkenntnisse der Biomechanik ebenso ein wie die Elemente der klassischen Reitkunst.

144 Seiten, farbig, gebunden
ISBN 978-3-8404-1014-7

Cadmos Verlag GmbH
Röntgenstraße 24 · 21493 Schwarzenbek
Tel. 04151 87 90 7-0 · Fax 04151 87 90 7-12
Besuchen Sie uns im Internet: **www.cadmos.de**

CADMOS